Saara Junttila

Mitä koirasi haluaisi

sinun tietävän

Opas onnelliseen yhteiseloon

© 2018 Junttila, Saara

Kustantaja: BoD – Books on Demand, Helsinki, Suomi

Valmistaja: BoD – Books on Demand, Norderstedt, Saksa

ISBN: 978-951-568-974-0

Valokuvat Saara Junttila ja Teemu Junttila

Sisällys

7   Johdanto

9   1. Anna koiran olla koira

17   2. Mitä koira tuntee

25   3. Opi lukemaan koiraa

35   4. Koiran käyttäytymiselle löytyy aina syy

45   5. Koira ei ole susi

51   6. Aseta koiralle realistisia vaatimuksia

57   7. Rankaiseminen koiran näkökulmasta

65   8. Mitä positiivinen vahvistaminen on – ja mitä se ei ole

73   9. Käyttäytymiseen voi vaikuttaa myös epäsuorasti

81   Lisälukemista

Johdanto

 Koirien käyttäytymisestä oppimisessa on se hieno puoli, että uutta tietoa tulee esille jatkuvasti. Asiat, joita kymmenen tai parikymmentä vuotta sitten pidettiin itsestäänselvyyksinä, saatetaan nykyään kyseenalaistaa. Koskaan ei voi tietää kaikkea. Hienoa on myös se, että koirankoulutuksessa ollaan siirtymässä nykyään koko ajan lempeämpään ja koiralähtöisempään suuntaan. Eläinten käyttäytymisen tutkijoilla on jo pitkään ollut tiedossa, miten koirien kanssa tulisi parhaiten elää ja toimia, ja tämä tieto alkaa pikkuhiljaa levitä myös peruskoiranomistajien keskuuteen. Omistajat alkavat olla entistäkin tietoisempia siitä, että palkitseminen, kannustaminen ja suhteen vahvistaminen ovat kaikin puolin parempia keinoja vaikuttaa koiran käyttäytymiseen kuin rankaisemalla kouluttaminen.

Jokaiselle meistä on tärkeää luoda vahva ja luottavainen suhde koiraan sekä tarjota sille mahdollisuus onnelliseen ja hyvään elämään. Voimme saavuttaa koiriemme kanssa uskomattomia asioita, kun sekä koira että me voimme hyvin, ymmärrämme toinen toisiamme, ja välillämme oleva suhde on vahvimmillaan.

Tämän kirjan tarkoituksena on jakaa teidän kanssanne kaikki se, minkä olisin itse toivonut tietäväni koirista jo paljon aikaisemmin.

Tämän kaiken koirasi haluaisi sinun tietävän.

7

1. Anna koiran olla koira

Jotta koira olisi onnellinen ja voisi hyvin, sen on päästävä toteuttamaan lajityypillistä käyttäytymistä. Jokaisella koiralla on tarve toteuttaa tiettyjä käyttäytymismalleja säännöllisesti. Kun nämä käyttäytymistarpeet otetaan huomioon, koirasta tulee rauhallisempi, rennompi ja vähemmän stressaantunut, ja ongelmakäyttäytymisen todennäköisyys vähenee.

Jos koiralla ei ole mahdollisuuksia lajityypillisen käyttäytymisen toteuttamiseen luvallisesti, se saattaa etsiä tekemistä omatoimisesti tai purkaa turhautumistaan tavalla, joka ei ole omistajalle mieliksi. Jos esimerkiksi sallittuja järsimisen kohteita ei löydy riittävästi, koira saattaa alkaa pureskella huonekaluja. Jos paimenrotuinen koira ei pääse paimentamaan tai jahtaamaan luvallisia kohteita, se saattaa ruveta paimentamaan autoja ja pyöräilijöitä sen sijaan.

Koira saattaa myös turhautua yleisemmällä tasolla, jos se ei pääse toteuttamaan sille tärkeitä käyttäytymismalleja. Se saattaa esimerkiksi purkaa turhautumistaan haukkumalla jokaiselle ohikulkijalle, jos sillä ei ole vaikkapa riittävästi mahdollisuuksia haistelemiseen tai vapaana kulkemiseen.

Usein, kun koiralle tarjotaan sopivassa suhteessa tilaisuuksia erilaisten lajityypillisten käyttäytymismallien toteuttamiseen, myös ongelmakäyttäytyminen ja tottelemattomuus vähenevät.

Mikä on sinun koirallesi tärkeää?

Jokaisella yksilöllä on omat käyttäytymistarpeensa, jotka ovat juuri sille kaikkein tärkeimpiä. Ehkä esimerkiksi kaivaminen ei kiinnosta koiraasi lainkaan, mutta se rakastaa pureskelemista ja jäystämistä. Jollekin toiselle koiralle taas pureskeleminen saattaa olla yhdentekevää, mutta sen on pakko päästä käyttämään nenäänsä päivittäin.

Saat tietää jo paljon ottamalla selvää siitä, mikä on koirasi rodun (tai rotujen) alkuperäinen käyttötarkoitus. Eri roduissa on suosittu taipumuksia tiettyihin käyttäytymismalleihin, joiden toteuttaminen on edelleen näille koirille tärkeää.

On kuitenkin hyvä keskittyä koiraan myös yksilönä, sillä rotujen sisällä on runsaasti vaihtelua. Opettele tuntemaan koirasi avoimin mielin; usein oletamme aivan liikaa koiriemme mieltymyksistä ja taipumuksista. Tarkkaile koiraasi eri tilanteissa ja tarjoa sille mahdollisuuksia erilaisiin tehtäviin ja virikkeisiin. Anna sen vaikka valita itse, mitä se mieluiten tekisi. Saatat saada yllättävääkin tietoa koirasi käyttäytymistarpeista ja mieltymyksistä.

Liikuntaa on monenlaista

Jokainen meistä ymmärtää varmasti, kuinka tärkeää liikunta on koiralle. Ei ole kuitenkaan yhdentekevää, minkätyyppistä liikuntaa koiralle tarjoaa. Lyhyessä hihnassa katuja pitkin käveleminen ei ole sama asia kuin metsässä vapaana juokseminen, eikä pallon jahtaamisella ole samanlaista vaikutusta kuin rauhallisella kävelyllä, jonka aikana koira saa haistella mielin määrin. On löydettävä tasapaino eri liikuntatyyppien väliltä ja tarjottava juuri omalle koiralle sopivaa liikuntaa.

Koiran väsyttäminen fyysisesti toimii yleensä vain lyhytaikaisesti, sillä sen kunto kasvaa sitä mukaa, kun liikunnan määrää lisätään. Osa liikuntatyypeistä myös kiihdyttää koiraa ja nostaa sen kierroksia entisestään. Esimerkiksi palloa jahdatessa tai juoksulenkillä koiran stressitaso nousee, vaikka kyseessä onkin "hyvälaatuinen" stressi. Kiihkeillä koirilla on tietysti tarve päästä purkamaan energiaansa johonkin, mutta liian usein ja pitkään toistuvina tällaiset aktiviteetit saattavat johtaa siihen, että koiran stressitaso on jatkuvasti korkealla, jolloin se ei kykene kunnolla lepäämään ja rauhoittumaan. Jos mietitään koiran luontaista käyttäytymistä, saaliin jahtaaminen on suhteellisen harvinainen tapahtuma koiraeläimille, eikä saaliin perässä tyypillisesti juosta kymmentä kertaa peräkkäin. Riippuu täysin koirastasi, minkätyyppinen liikunta on sille kiihdyttävää ja mikä on sille sopiva määrä mitäkin aktiviteettia.

Kaikkein tehokkaimmin koiraa väsyttää aivo- ja nenätyöskentely. Virikkeistäminen ja kävelyt, joiden aikana koira pääsee mahdollisimman vapaasti tutkailemaan ja haistelemaan ympäristöään, vaikuttavat koiraan yleensä rauhoittavasti ja stressiä vähentävästi. Jos koiraa ei voi turvallisesti pitää vapaana, yksi vaihtoehto on käyttää pitkää liinaa siihen soveltuvissa paikoissa.

Maailma on täynnä hajuja

Usein meiltä ihmisiltä unohtuu, mikä on kävelyn todellinen tarkoitus. Se ei ole paikasta A paikkaan B pääsemistä, vaan tarkoituksena on tarjota koiralle mielekästä tekemistä. Kävelyn ainoa päämäärä ei ole liikunnan tarjoaminen, vaan se on myös koiran tilaisuus päästä tutkailemaan ympäristöään. Tämä taas tapahtuu suureksi osaksi hajujen kautta.

Koira saa valtavan määrän informaatiota ympäristöstään haistelemalla. Kävely ilman haistelua on koiralle suunnilleen sama, kuin jos itse pääsisit kuljeskelemaan kauniissa ympäristössä, mutta silmäsi olisivat sidotut. Koira hahmottaa maailmaansa hajujen avulla, ja mielenkiintoisten hajujen haistelu on sille aivan yhtä tärkeää

11

kuin kauniiden maisemien katselu on meille.

Kokeile viedä koira haistelukävelylle, jonka aikana se saa haistella niin paljon kuin sielu sietää. Pidemmän hihnan käyttäminen tarjoaa koiralle vieläkin paremmat mahdollisuudet vapaaseen haistelemiseen ja saattaa sen seurauksena joskus jopa vähentää hihnassa vetämistä.

Koira haluaa ratkaista ongelmia

Tutkimusten mukaan eläimet (kissoja lukuunottamatta) tekevät mieluummin töitä ruokansa eteen kuin syövät "ilmaista" ruokaa. Jopa nirsompi koira saattaa yllättäen kiinnostua ruoastaan, jos se joutuukin näkemään vaivaa sen saamiseksi. Luonnossa ruoka ei ilmesty tyhjästä koiraeläinten nenän eteen, vaan sitä joutuu etsimään tai pyydystämään.

Koirilla on tarve päästä käyttämään aivojaan ja ratkaisemaan ongelmia. Eläinkaupoissa onkin tarjolla valtavat valikoimat erilaisia aktivointileluja, mutta koiralle voi myös tarjota kotitekoisia haasteita esimerkiksi piilottamalla ruokaa tyhjiin pahvipakkauksiin tai pyyhkeen alle. Myös temppujen ja arkitottelevaisuuden opettelu on loistavaa aivojumppaa. Erityisesti uusien asioiden oppiminen tarjoaa koiran aivoille sopivasti haasteita.

Saalistuskäyttäytymisen eri vaiheet

Jokaisella koiralla on jäljellä tarve toteuttaa saalistuskäyttäytymistä jossakin muodossa. Eri rotujen jalostuksessa on vahvistettu saalistuskäyttäytymisen eri vaiheita. Osalla koirista nämä käyttäytymismallit voivat olla hyvinkin voimakkaita, ja koiran motivaatio niiden toteuttamiseen voi olla huomattavan korkea.

Jäljestäminen eli saaliin etsiminen hajuaistin avulla on yleensä ensimmäinen metsästyskäyttäytymisen vaihe. Hajuaistin käyttäminen onkin suurelle osalle koirista hyvin tärkeää, rodusta riippumatta. Moni harrastuslaji tarjoaa koiralle mahdollisuuden nenän käyttämiseen, esim. Nose Work. Kotioloissa koiran nenän voi laittaa helposti töihin piilottamalla herkkuja tai leluja sen etsittäväksi.

Vaanimista ja takaa-ajoa koira pääsee toteuttamaan tietysti leikkimällä. Paimennusvietin toteuttamiseen voi auttaa oikeiden lampaiden puuttuessa esimerkiksi pallopaimennus, jossa koiran tehtävänä on "paimentaa" jumppapalloa kuljettamalla sitä omistajan valitsemaan paikkaan.

Saaliin pureminen ja siihen tarttuminen ovat tietysti oleellinen osa saalistuskäyttäytymistä, ja osa koirista nauttiikin eniten nimenomaan lelujen puremisesta ja retuuttamisesta sekä vetoleikeistä. Monelle koiralle on siis tärkeää, että "saaliin" eli lelun saa myös kiinni. Koira saattaa turhautua suunnattomasti esimerkiksi laserkynällä leikkimisestä, sillä se ei koskaan saa otetta kohteesta.

Osa koirista taas kantaa mielellään leluja suussaan, ja niille voi lelujen kantamisen lisäksi opettaa erilaisia kantamiseen ja noutamiseen liittyviä temppuja ja tehtäviä.

Saaliin pyydystämisen jälkeen se paloitellaan ja pureskellaan, ja tästä syystä osa koirista repiikin mielellään lelunsa palasiksi.

13

Koiran paloittelun tarpeen voi tyydyttää esimerkiksi piilottamalla tyhjien pahvipakkausten sisään herkkupaloja ja antamalla koiran repiä pakkaukset auki. Lisähaastetta tehtävään saa, jos pakkauksen sisälle laittaa sanomalehden sivujen sisään rytättyjä nameja.

Pureskeleminen on monelle koiralle tärkeää, ja sillä on myös rauhoittava ja stressiä vähentävä vaikutus. Kaupoissa saatavilla olevien järsittävien lelujen, herkkujen ja puruluiden valikoima on valtava. Voi olla hyvä idea tarjota koiralle useita vaihtoehtoja, jotta mieleisimmät kohteet löytyisivät.

Aktivoinnin ja virikkeistämisen suhteen on hyvä ymmärtää, että tehtävän suorittamiseen kulunut aika ei ole välttämättä paras mittari virikkeen "onnistumisesta". Vaikka koira söisi puruluunsa tai löytäisi lelunsa piilosta alle minuutissa, se on silti toiminut sille virikkeenä.

On hyvä muistaa pitää koiraa aina silmällä, kun sille tarjotaan aktivointileluja tai muita virikkeitä, ettei se vahingossa satuta itseään tai niele mitään sopimatonta.

Koira on sosiaalinen eläin

Sosiaaliset suhteet ovat koiralle tärkeitä. Koira viettää mielellään aikaa omistajansa kanssa, eivätkä liian pitkät yksinolot ole sille hyväksi. Kävelyiden, kouluttamisen, virikkeistämisen ja aktivoinnin lisäksi myös pelkkä yhdessäolo omistajan kanssa on koiralle tärkeää. Tarjoa siis koirallesi laatuaikaa kanssasi; silitä sitä, leiki sen kanssa ja pidä hauskaa.

Myös lajikumppaneiden kanssa käveleminen, oleskelu ja leikkiminen ovat monelle koiralle tärkeitä. Tässäkin suhteessa koirat ovat yksilöitä. Osa ei tunnu lainkaan kaipaavan muiden koirien seuraa ja viettäisi mieluummin kaiken aikansa ihmisten kanssa. Osa taas ei koskaan esimerkiksi leiki muiden koirien kanssa, mutta nauttii silti niiden seurasta ja yhteiskävelyistä. Osa koirista on onnellisimmillaan ainoastaan tuttujen ihmisten ja koirien seurassa, eikä ole kiinnostunut tuntemattomiin tutustumisesta. Aivan kuten mekään emme aina tule toimeen jokaisen kohtaamamme ihmisen kanssa, ei koirankaan tarvitse olla jokaisen paras kaveri.

Kaivaminen ja petaaminen

Koiralle, joka nauttii kaivamisesta, voi tarjota oman kaivuualueen pihalta, tai sitä voi viedä paikkoihin, joissa on mahdollisuuksia kaivamiseen. Osa koirista hautaa mielellään luut ja muut herkut "pahan päivän varalle", ja tähän voi myös tarjota mahdollisuuksia. Koiran petiin voi esimerkiksi asettaa pyyhkeitä ja viltejä, joiden alle koira voi piilottaa aarteet.

Moni koira nauttii siitä, kun se saa möyhiä ja "pedata" petinsä juuri sellaiseksi, kuin se haluaa. Auta koiraa sijoittamalla sen petiin erilaisia viltejä ja muuta petausmateriaalia.

Lepo

Koirat nukkuvat yllättävän paljon ihmisiin verrattuna, ja uni onkin niille tärkeää. Muista antaa koiran nukkua ja levätä riittävästi rauhallisessa paikassa. Parasta on, jos koiralla on hieman valinnanvaraa erilaisten nukkumapaikkojen ja sijaintien väliltä. Näin saat myös selville, missä ja millaisella alustalla koira mieluiten nukkuu; tämä voi vaikuttaa merkittävästi sen unen laatuun. Osa koirista kokee olonsa turvallisimmaksi pesäkoloa muistuttavassa paikassa,

esimerkiksi pöydän alla tai matkahäkissä, jonka katto ja seinät on peitetty vilteillä ja ovi on jätetty auki. Osa koirista taas nukkuu mieluiten korkealla ja avonaisella paikalla, josta ne näkevät tarvittaessa ympärilleen.

Koirallakin on oikeutensa

Koiran ja omistajan välisen suhteen on oltava miellyttävä molemmille. Koiran on tietysti noudatettava tiettyjä sääntöjä eläessään kanssamme, mutta se ei tarkoita, että voisimme tehdä mitä tahansa koirillemme ja niiden tulisi vain hyväksyä se. Koirilla on (tai ainakin pitäisi olla) tiettyjä oikeuksia.

Koirilla on oikeus syödä ja nukkua rauhassa sekä kokea olonsa turvalliseksi. Niillä on oikeus omaan, henkilökohtaiseen tilaansa silloin, kun ne sitä tarvitsevat. Niiden pitäisi myös saada ilmaista omat mielipiteensä ja tunteensa ja saada edes silloin tällöin tehdä itse valintoja. Aivan kuten meilläkin on oikeuksia, niin pitäisi olla koirillakin. Mieti, miltä sinusta tuntuisi, jos joku rikkoisi yhtä edellä mainituista oikeuksistasi. Miltä tuntuisi, jos tuntematon ihminen tulisi liian lähelle, kaverisi veisi tilaamasi lounaan nenäsi edestä, perheenjäsenesi suuttuisi sinulle, koska aloit itkeä stressaavan päivän päätteeksi tai pomosi kieltäisi sinua poistumasta palavasta rakennuksesta?

16

2. Mitä koira tuntee

Jokainen koiranomistaja on varmasti yhtä mieltä siitä, että koira kokee iloa, surua ja pelkoa, aivan kuten mekin. On kuitenkin aina hyvä varoa, ettemme vedä liikaa johtopäätöksiä koirien sisäisestä maailmasta. Koska olemme ihmisiä, tarkkailemme maailmaa ihmisen näkökulmasta, ja siksi meidän on liiankin helppo olettaa, että koira kokee maailman täsmälleen samalla tavalla kuin me.

Koiran perustunteet

Eläinten tunteita laajasti tutkineen Jaak Pankseppin mukaan eläimillä on ainakin seitsemän perustunnetta. Näiden tunnejärjestelmien toiminnasta on myös olemassa runsaasti tutkimustietoa.

Kaikkein positiivisin tunne ei ole tarkalleen ottaen ilo tai mielihyvän tunne, vaan innostus, joka kumpuaa positiivisten asioiden *tavoittelusta*. Koira, joka jahtaa jänistä, seuraa jälkeä, juoksee agilityradalla, leikkii aktivointilelulla tai suorittaa osaamiaan temppuja, kokee tätä tunnetta. Se on suunnilleen samanlainen tunne kuin "flow"-kokemus on meille ihmisille.

Leikistä saavutettu riemu taas on aivan oma tunteensa. Leikkisiä tunteita ei itse asiassa aiheuta välttämättä lelujen jahtaaminen, vaan ihmisen tai koiran kanssa vuorovaikutteisesti leikkiminen ja hauskanpito.

Lisääntymiseen liittyvät tunteet, kuten vastakkaisesta sukupuolesta kiinnostuminen ja hoivan tunteet, ovat tietysti evolutiivisesti tärkeitä.

Viha, ärsyyntyminen ja turhautuminen kuuluvat samaan tunnejärjestelmään. Koira kokee turhautumista silloin, kun asiat eivät mene odotusten mukaisesti tai se ei saa, mitä se haluaa. Sille tärkeä resurssi saattaa olla uhattuna, sen liikkumista tai vapautta saatetaan estää tai se ei ymmärrä, mitä omistaja haluaa sen tekevän.

Hihna aiheuttaa hyvin usein turhautumista; pakeneminen on vaikeaa, eikä koira pääse esimerkiksi tervehtimään muita koiria halutessaan.

Koira kykenee myös tuntemaan surun kaltaisia tunteita ja ikävöimään sille tärkeitä ihmisiä tai eläimiä.

Pelko taas on sen verran tärkeä perustunne, että syvennytään siihen hieman tarkemmin.

Koiran pelko kannattaa ottaa vakavasti

Koira saattaa kokea pelon jopa voimakkaampana kuin me ihmiset, sillä se ei kykene järkeilemään tai uskottelemaan itselleen, että kaikki on itse asiassa hyvin.

Koira itse määrittelee, mikä on pelottavaa ja mikä ei. Vaikka meidän mielestämme mitään pahaa ei olisi tapahtunut, tämä ei vakuuta koiraa siitä, etteikö tilanne olisi pelottava. Jo pelkkä pelon tunne itsessään on koiralle riittävän ikävä ja negatiivinen kokemus, vaikka mitään kamalaa ei varsinaisesti tapahtuisikaan. Koiran näkökulmasta tilanne oli kauhistuttava, ja se riittää vahvistamaan sen pelkoja. Tästä syystä pelot eivät yleensä katoa itsestään tai altistamalla koiraa sen pelkäämille asioille.

Koira saattaa esimerkiksi pelätä vieraita ihmisiä siitäkin huolimatta, ettei kukaan ole koskaan satuttanut sitä. Koiran pelko ei myöskään yleensä lievene, vaikka vieraat kuinka silittäisivät koiraa. Meidän ihmisten näkökulmasta silittäminen on positiivinen asia, ja siksi me kuvittelemme sen lievittävän koiran pelkoa. Koiran näkökulmasta vieraan ihmisen silitettävänä oleminen voi kuitenkin olla äärimmäisen pelottavaa, jolloin silittäminen vain vahvistaa koiran pelkoa.

Joskus koiran pelko saattaa tuntua järjettömältä tai käsittämättömältä, sillä me itse tiedämme, ettei mitään pelättävää oikeasti ole. Koira ei kuitenkaan tätä tiedä, vaan kysymys saattaa sen mielestä olla melkeinpä elämästä ja kuolemasta. Esimerkiksi kävelylle meneminen voi koirasta tuntua samalta kuin meistä tuntuisi liikkua vaarallisessa naapurustossa, jossa saatamme joutua ryöstetyksi milloin tahansa.

Pelko voi myös ilmetä lievemmässä muodossa epävarmuutena tai ahdistuksena. Ahdistuessaan koira on periaatteessa huolissaan, että kohta jotakin pelottavaa tai ikävää tapahtuu. Pienet ahdistuksen tai huolen aiheet voivat tuntua meistä mitättömiltä, mutta jos niitä kertyy pikkuhiljaa pitkin päivää, koiran stressitaso pysyy jatkuvasti korkealla. Tämä taas heikentää huomattavasti koiran hyvinvointia ja saattaa osaltaan voimistaa ongelmakäyttäytymistä. Stressaantunut koira saattaa olla kärttyisämpi tai rauhattomampi kuin yleensä, aivan samalla tavalla kuin saatat itsekin olla huonolla tuulella pitkän ja stressaavan päivän jälkeen.

Mikä on pelottavaa?

Usein pidetään melkeinpä itsestäänselvyytenä, että koira pelkää esimerkiksi eläinlääkärikäyntejä, pesemistä, kynsien leikkaamista, imuria tai ilotulitusta. Näillekin peloille on kuitenkin mahdollista tehdä jotakin; niiden kanssa ei tarvitse vain elää.

Syynä eläinlääkäripelon yleisyyteen on se, että moni koira pelkää käsittelyä tai on vähintäänkin huolissaan siitä. Jos valjaiden

19

pukeminen, harjaaminen, peseminen tai kynsienleikkuu on hanka-laa, taustalla on yleensä pelko. Koira saattaa esimerkiksi rimpuilla, murista, juosta karkuun, leikkipurra tai heittäytyä selälleen. Koira ei yritä tahallaan vaikeuttaa asioita, vaan se on todennäköisesti vain peloissaan tai epävarma.

Myös tuntemattomat ihmiset voivat olla pelottavia – erityisesti, jos he kävelevät suoraan kohti, kumartuvat koiran ylle, silittävät sen päätä, halaavat tai tuijottavat sitä. Koira kokee tilanteen vähemmän uhkaavana, jos se saa itse lähestyä ihmistä, joka välttää katsekontaktia, asettuu sivuttain koiraan nähden ja silittää sitä rinnasta tai kyljestä, jos koira tuntuu sitä haluavan.

Lapset ja vauvat ovat monen koiran mielestä vähintäänkin huolestuttavia, sillä ne käyttäytyvät ennalta-arvaamattomasti, liik-kuvat nopeasti, päästävät kovia ääniä ja saattavat käsitellä koiraa kovakouraisesti. Vaikka koira olisi kuinka kiltti ja kärsivällinen, ei lasten tulisi silti antaa tehdä sille mitä tahansa. Se ei yksinkertaisesti ole koiran kannalta reilua.

Osa koirista pelkää tuntemattomia koiria, erityisesti jos nii-tä ei pääse koirille kohteliaaseen tapaan väistämään tai kaartamaan. Hihnassa ollessaan koira ei koe pakenemisen olevan vaihtoehto, jolloin se saattaa yrittää pitää muut koirat loitolla haukkumalla, mu-risemalla tai hihnassa tempoilemalla.

Älä pelkää palkitsevasi pelkäämistä

On täysin sallittua lohduttaa koiraa sen pelätessä tai tarjota sille muuta tekemistä ja ajateltavaa, kuten herkkuja tai leikkihetki. Koira ei opi pelkäämään enemmän, vaikka sitä "palkittaisiin" pelkäämisestä. Koska pelko on negatiivinen tunnetila, eikä tietoinen valinta, positiivisen asian lisääminen ei voi vahvistaa sitä.

Mieti, miten haluaisit parhaan kaverisi toimivan, jos olisit peloissasi: toivoisitko hänen lohduttavan sinua vai jättävän sinut täysin huomiotta?

On tietysti suuri ero, lohdutetaanko koiraa iloisesti ja huolettomasti vai hätääntyneesti ja säälitellen. Kiinnitä siis huomiota omaan äänensävyysi ja käyttäytymiseesi, ettet hätääntyneellä lohduttelullasi saa myös koiraa huolestumaan.

Monimutkaisemmat tunteet

Koirien aivokapasiteetti ei riitä monimutkaiseen suunnitteluun, toisen asemaan asettumiseen tai hyvän ja pahan ymmärtämiseen. Siksi ihmismäisempien ja monimutkaisempien tunteiden olemassaolo on koirilla epätodennäköistä.

1. Aito mustasukkaisuus on harvinaista

On mahdollista, että koira kokee jonkinlaista alkeellista mustasukkaisuutta. Se saattaa esimerkiksi nähdä toisen koiran saavan huomiota ja tahtoo itsekin osingoille. Joissakin tapauksissa koira saattaa jopa nähdä omistajan resurssina, jota puolustaa. Tämä on kuitenkin eri asia kuin "aito" mustasukkaisuus.

On hyvin epätodennäköistä, että koira kykenisi monimutkaisempaan ajatteluun, jossa se tuntisi kaunaa tai vihan tunteita esimerkiksi perheen toista koiraa tai uutta vauvaa kohtaan siksi, että sille annetaan enemmän huomiota. On paljon todennäköisem-

21

pää, että koiran käyttäytyminen johtuu muista syistä, kuten pelosta tai stressistä. Uuteen perheenjäseneen totuttelu aiheuttaa jo itsessään stressiä, mikä saattaa johtaa kummalliseen käyttäytymiseen. Koira saattaa esimerkiksi vetäytyä omiin oloihinsa, alkaa tehdä tarpeensa sisälle tai käyttäytyä aggressiivisesti. Tähän on harvoin syynä mustasukkaisuus, vaan taustalla on yleensä jotakin muuta.

2. Koira ei kadu tai tunne syyllisyyttä

Koira ei ymmärrä oikean ja väärän käsitteitä. Se ei siis tiedä, milloin se on tehnyt jotakin väärin, vaikka osaakin erittäin vakuuttavasti näyttää siltä. Ihmisen näkökulmasta koiran eleet näyttävät erehdyttävästi siltä, kuin koira katuisi huonoa käytöstään tai tuntisi syyllisyyttä. Tutkimusten mukaan kyseessä on kuitenkin yksinkertaisesti se, että koira reagoi suoraan omistajan mielialaan ja käyttäytymiseen.

Koira huomaa omistajan olevan vihainen tai ärtynyt, mutta ei ehkä ymmärrä miksi. Se ei kykene ajattelemaan ajassa sen verran taaksepäin, että osaisi esimerkiksi yhdistää kaksi tuntia sitten tekemänsä asiat omistajan vihaisuuteen. Sen sijaan koira saattaa olla huolissaan omistajan käytöksestä ja yrittää lepytellä ja rauhoitella häntä. Eleet, joita koira käyttää ollessaan huolissaan tai peloissaan näyttävät erhdyttävästi omasta näkökulmastamme siltä, kuin koira tietäisi tehneensä väärin ja katuisi.

Jos koiraa on tarpeeksi usein toruttu tietyssä tilanteessa, se oppii nopeasti lepyttelemään jo etukäteen samanlaiseen tilanteeseen jouduttuaan. Koira saattaa esimerkiksi "näyttää syylliseltä", jos lattialla on omistajan kotiin tullessa lätäkkö tai palasiksi revitty tyyny, koska se on oppinut omistajan olevan vihainen näissä tilanteissa. Se ei välttämättä ymmärrä lainkaan, että lätäköllä tai tyynyllä olisi mitään tekemistä sen aiemman käyttäytymisen kanssa.

3. Koira ei kosta tai osoita mieltään

Koira ei juoni pissaavansa matolle siksi, että omistaja kehtasi jättää sen taas yksin, eikä se lähde omille teilleen kesken koulutushetken ärsyttääkseen omistajaa. Sen käyttäytymiselle löytyy aina paljon loogisempi ja yksinkertaisempi selitys. Koira ei kykene monimutkaiseen juonimiseen, tulevaisuuden suunnitteluun tai menneiden murehtimiseen.

4. Usein koira suojelee vain itseään

On houkuttelevaa ajatella, että rähistessään muille koirille tai ihmisille koira puolustaisi omistajaansa. Tämä saattaa joissakin tapauksissa pitääkin paikkansa, mutta hyvin usein koira on yksinkertaisesti peloissaan ja suojelee itseään. Omistaja vain sattuu olemaan vierellä.

Pelkäävä koira saattaa ilman omistajan läsnäoloa olla liian peloissaan tehdäkseen mitään. Omistajan seurassa se saattaa kuitenkin rohkaistua sen verran, että uskaltaa puolustautua. Voi myös käydä päinvastoin, eli omistajan jännittäminen tai stressaaminen saa koiran uskomaan, että tilanteessa on tosiaan jotakin epäilyttävää.

Myös koira, joka näyttää puolustavan reviiriään, saattaa itse asiassa pelätä. Pelätessään koira hakeutuu paikkaan, jonka se kokee turvalliseksi. Kotona ollessaan koira on jo turvallisimmassa mahdollisessa paikassa, eikä se välttämättä koe sieltä poistumista vaihtoehtona. Se saattaa siis uhan havaitessaan puolustautua, koska ei koe voivansa paeta minnekään turvallisempaan paikkaan. Samasta syystä koira saattaa olla puolustushaluisempi omassa pedissään maatessaan tai omistajan läheisyydessä, jos se kokee omistajan "turvapaikakseen" pelottavassa tilanteessa. Koira on myös saattanut saada kotona, pihalla tai kodin läheisyydessä ikäviä kokemuksia, joiden seurauksena se on enemmän varuillaan näissä ympäristöissä.

Aina on hyvä miettiä, onko koiran käyttäytymisen taustalla oikeasti reviirin vahtiminen vai yksinkertaisesti pelko.

3. Opi lukemaan koiraa

Koirat viestivät meille jatkuvasti. Kun opettelemme koiran elekieltä, meille avautuu aivan uusi maailma. Alamme ymmärtää koiriamme paremmin ja ne puolestaan kokevat voivansa kommunikoida kanssamme paremmin; ne oppivat, että niitä kuunnellaan. Saamme arvokasta tietoa siitä, mistä koiramme pitää ja ei pidä, jolloin voimme auttaa koiriamme olemaan entistä onnellisempia.

Kun opimme lukemaan koiriamme, pystymme myös helpommin ennakoimaan tilanteita, koska huomaamme jo varhaiset, lievät merkit stressistä ja ahdistuksesta. Tällöin voimme omaa toimintaamme muuttamalla usein helpottaa tilannetta sen verran, että koiran olo paranee. Näin toimimalla vältetään koiran pelon ja stressin voimistuminen, ja koira oppii luottamaan siihen, että pidämme sen turvassa. Jo pelkästään koiraa kuuntelemalla voidaan vähentää ongelmallista käyttäytymistä.

Koira ei aina käyttäydy meidän näkökulmastamme loogisesti. Me pidämme itsestäänselvyytenä, että koira lähtisi vaikeasta tai ahdistavasta tilanteesta pois halutessaan, mutta koira ei läheskään aina toimi näin. Sen sijaan se saattaa jopa hakeutua tilanteisiin, jotka stressaavat tai huolestuttavat sitä, eikä välttämättä tajua itse poistua tilanteesta. Se kuitenkin viestii yleensä muilla tavoin, että tilanne on sen mielestä epämiellyttävä, ahdistava tai stressaava. Koira saattaa esimerkiksi hakeutua vieraiden läheisyyteen ja hyväksyä siliteltävänä olemisen, mutta samalla viestiä koko elekielellään, että se olisi mieluummin jossakin muualla. Silittäminen saattaa tällaisessa tapauksessa olla viimeinen asia, jota koira haluaa. Oppimalla lukemaan koiran elekieltä tehokkaasti vältytään juuri tämänkaltaisilta väärinymmärryksiltä.

Miten toimia, kun koira pelkää tai stressaa?

Jos huomaat, että koiraasi pelottaa, ahdistaa tai stressaa, kannattaa tilannetta helpottaa tavalla tai toisella. Mieti, mikä koiraa voisi huolestuttaa. Vie se pois ahdistavasta tilanteesta tai vähintäänkin hieman kauemmas pelkoa aiheuttavasta kohteesta. Jos koiraa huolestuttaa jokin, mitä itse olit tekemässä, lopeta hetkeksi ja anna koiralle lisää tilaa. Joskus jo pienikin tauko riittää, joskus taas koiralle on annettava enemmän aikaa palautua tilanteesta.

Kun toimit näin, koirasi oppii jotakin äärimmäisen tärkeää. Se oppii, että sitä kuunnellaan ja ymmärretään ja että se voi tukeutua ja luottaa sinuun kaikissa tilanteissa. Se oppii, että se voi omalla käytöksellään vaikuttaa ympäristöönsä, mikä on tärkeä hyvinvoinnin edellytys. Vahvistat samalla myös välillänne olevaa suhdetta merkittävästi.

Muriseminen on myös kommunikointia

Mitä paremmin kuuntelemme koiriemme pieniä ja lähes huomaamattomia eleitä, sitä enemmän koira luottaa näiden signaaleiden

Siristetyt silmät, taakse vedetyt korvat ja kuonon nuoleminen ovat kaikki merkkejä siitä, että koira on huolissaan, epävarma tai stressaantunut.

26

käyttöön ja sitä harvemmin se kokee tarpeekseen käyttää selkeämpiä viestintäkeinoja. Mitä herkempiä olemme koiriemme elekielelle, sitä epätodennäköisempää on, että koiran stressi tai pelko kasvaa niin suureksi, että se kokee puolustautumisen olevan ainoa vaihtoehto.

Koira käyttää usein porrastettua tapaa viestiä tilan tarpeestaan, epävarmuudestaan tai pelostaan. Se käyttää yleensä aluksi hienovaraisia eleitä, joiden avulla se yrittää kertoa haluavansa olla rauhassa. Jos nämä eivät toimi, koira saattaa käyttää korostetumpia eleitä ja edetä lopulta selkeämpiin viestintäkeinoihin, kuten

Kun koira kääntää päänsä poispäin kohteesta, se saattaa kokea olonsa hieman uhatuksi tai epävarmaksi.

paikalleen jähmettymiseen, hampaiden näyttämiseen, murisemiseen, rähinään, näykkäisemiseen tai puremiseen. Kaikki nämä ovat koiran keinoja kommunikoida ja kertoa, että se kokee tilanteen epämukavana.

Jos koira joutuu usein samantyyppiseen tilanteeseen ja oppii, ettei sen lievemmistä eleistä välitetä, se saattaa lopulta jättää muut vaiheet kokonaan välistä ja käyttää ainoastaan selkeämpiä viestejä kuten murisemista tai puremista. On siis äärimmäisen tärkeää kuunnella koiran hienovaraisempia signaaleja. Tästä syystä on myös tärkeää, että koiran murisemista kuunnellaan. Jos koira oppii, ettei muriseminen toimi, se saattaa jättää kokonaan kertomatta tilan tarpeestaan. Pahimmassa tapauksessa tästä on seurauksena koira, joka puree täysin ilman varoitusta, koska se kokee sen olevan ainoa toimiva keino päästä pois uhkaavasta tilanteesta.

Paras tapa reagoida murinaan onkin lopettaa sen asian tekeminen, mikä koiraa huolestutti, ja antaa koiralle tilaa. Tarkoituksena ei ole tietenkään jatkuvasti "antaa" koiran murista, vaan pitkällä aikavälillä koiran käsitys tilanteesta on muutettava, jotta se ei edes kokisi tarvetta murista. Kuitenkin siinä hetkessä, kun koira murisee, kauemmas siirtyminen on ainoa järkevä tapa toimia. Muriseminen johtuu hyvin usein pelosta, ja koiran rankaiseminen tai kieltäminen luo tilanteeesta vain entistä ikävämmän.

Kaikkein tärkeintä on se, mitä tehdään tilanteen jälkeen. Paras ratkaisu lyhyellä aikavälillä on ennakoida ja välttää tilanteita, jotka koira kokee uhkaavina, ja pysyvämpään käyttäytymisen muuttamiseen kannattaa ottaa avuksi ammattitaitoinen käytösneuvoja.

Tarkkaile kaikkia eleitä yhdessä

Koiran eleitä tulkitessa on aina otettava huomioon konteksti, tilanne ja koiran elekieli kokonaisuudessaan. Ei kannata keskittyä liikaa pelkkään korvien asentoon tai hännän heilumiseen, sillä yhdellä eleellä voi olla useampi merkitys. Aivan kuten ihmisillä käden heiluttaminen voi tilanteesta riippuen tarkoittaa tervehdystä, hyvästelyä, huomion kiinnittämistä tai jopa kehottamista pysähtymään, myös koirilla viestin merkitys riippuu paljon muista ilmeistä, eleistä ja tilanteesta. Esimerkiksi kuonon nuoleminen voi tarkoittaa pelkoa, stressiä, turhautumista, toisen rauhoittelua tai sitä, että koira

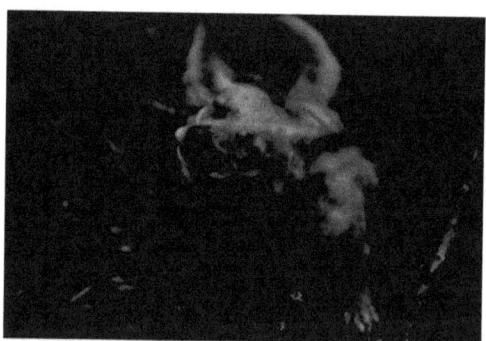

Koira saattaa ravistella itseään stressaavan tilanteen jälkeen.

28

tietää saavansa kohta ruokaa tai herkun. Kannattaa siis tarkkailla kaikkien eleiden yhdistelmää.

Eleet, jotka jäävät usein huomaamatta

Kaikki todennäköisesti tietävät, että koiraa pelottaa, jos se vetää korvat taakse, laittaa hännän koipien väliin, kyyristelee, tärisee, itkee tai yrittää piiloutua. Myös leikkikumarrus on monelle tuttu. Osa eleistä on kuitenkin paljon huomaamattomampia ja hienovaraisempia, ja ne ovat joskus vaikeasti havaittavissa. Korvien asento saattaa muuttua vain hiukan, tai häntä saattaa laskeutua hienoisesti. Koira saattaa lopettaa vain hetkeksi läähättämisen tai hännän heiluttamisen tai sen kasvojen lihakset saattavat jännittyä hieman. Se saattaa siirtää painonsa osittain vartalon takaosalle, poispäin uhkaavasta kohteesta. Osa eleistä taas on helppo ymmärtää väärin.

1. Yliaktiivisuus
Koira saattaa toki olla vain innoissaan, mutta joskus hyperaktiivinen, yli-innokas, koheltava ja äärimmäisen "miellyttämishaluinen" käytös voi olla stressin tai ahdistuksen merkki. Koira saattaa poukkoilla ympäriinsä nopein liikkein, näykkiä vaatteita tai käsiä leikkisältä vaikuttavalla tavalla, läähättää voimakkaasti, kiemurrella ja rimpuilla, hyppiä ihmisiä vasten, eikä se ehkä osaa asettua aloilleen. Voi olla vaikea huomata ero innostuksen ja ahdistuksen välillä, eikä

koira aina välttämättä itsekään täysin tiedä, mitä se haluaa. Joskus tällainen koira saattaa olla itse asiassa huolissaan uusista ihmisistä, koirista tai tilanteista, vaikka ei siltä ulospäin täysin näyttäisikään.

2. Paikalleen jähmettyminen

Koira saattaa pelätessään tai huolestuessaan lopettaa hetkeksi sen, mitä se oli tekemässä tai jähmettyä kokonaan liikkumattomaksi. Joskus kyseessä on tilanteen analysointi; koira yrittää selvittää, kannattaako sen olla huolissaan vai ei. Jähmettyminen voi myös olla uhkaus tai varoitus, erityisesti jos koira lisäksi tuijottaa kohdetta tiiviisti.

3. Selällään makaaminen ja vatsan paljastaminen

Koiran muusta elekielestä riippuen selälleen heittäytyminen voi olla merkki rentoudesta, osoitus ystävällisistä aikeista, lepyttelyä, osa leikkiä tai merkki epävarmuudesta tai pelosta. Olennaista on tapa, jolla koira makaa selällään. Jos koira makaa jäykästi paikoillaan, tassut tiukasti vartaloa vasten painettuina ja häntä koipien välissä, se on todennäköisesti peloissaan eikä halua kenenkään lähestyvän sitä. Sen sijaan sulavat liikkeet ja rento vartalo vihjaavat, että koira

on ehkä rentoutunut tai leikkisällä tuulella.

4. Pään kääntäminen

Koira saattaa kääntää päänsä tai joskus koko vartalonsa poispäin kohteesta, joka huolestuttaa sitä tai jota se haluaa rauhoitella tai lepytellä. Koira saattaa tällä tavoin osoittaa ystävällisyyttään tai pyytää lisää tilaa.

5. Tassun nostaminen

Jos kyseessä ei ole opetettu temppu, yhden tassun pitäminen ilmassa saattaa johtua epävarmuudesta, se voi olla keino rauhoittaa tilannetta, tai koira saattaa haluta tai odottaa jotakin. Se saattaa olla myös epävarma siitä, mitä tilanteessa tulee tapahtumaan.

6. Hännän heiluttaminen

Heiluva häntä ei aina tarkoita, että koira olisi iloinen ja ystävällinen. Se voi myös tarkoittaa, että koira on huolissaan, jännittynyt tai valmis hyökkäämään. Se saattaa yrittää lepytellä tai rauhoitella tilannetta. Merkitys riippuu muusta elekielestä sekä siitä, onko häntä korkealla vai matalalla, liikkuuko se nopeasti vai hitaasti, isossa kaaressa vai nopeasti värähdellen.

7. Haukotteleminen

Haukotteleminen ei aina ole merkki väsymyksestä, vaan koira saattaa sillä tavoin yrittää rauhoitella itseään tai muita. Se saattaa olla esimerkiksi ahdistunut, turhautunut, innostunut tai stressaantunut.

8. Ruokahalun katoaminen

Jos koira ei huoli herkkupaloja, jotka se normaalisti söisi, jokin on vialla. Koira saattaa olla liian stressaantunut tai peloissaan syödäkseen, tai ympäristössä saattaa olla jotakin paljon kiinnostavampaa.

9. Nylkyttäminen

Koira saattaa alkaa nylkyttää ihmistä, toista koiraa tai jotakin esinettä. Sen lisäksi, että astuminen voi liittyä lisääntymiskäyttäytymiseen, koira saattaa nylkyttää myös leikkiessään, innostuessaan, kiihtyessään, stressaantuessaan, ahdistuessaan tai turhautuessaan. Osalle koirista nylkyttämisestä saattaa tulla yleistynyt tapa purkaa stressiä kiihdyttävissä tai ahdistavissa tilanteissa.

10. Sijaistoiminnot

Koira saattaa tehdä jotakin, mikä ei täysin tunnu sopivan tilanteeseen. Se saattaa esimerkiksi haistella maata, mennä juomaan vettä, kaivaa petiä, hakea lelun tai rapsuttaa itseään. Koira ei ehkä tiedä, mitä muutakaan tekisi, tai se saattaa olla sen keino rauhoitella toista koiraa tai ihmistä tai osoittaa oma vaarattomuutensa. Taustalla voi olla myös epävarmuus, stressi tai ahdistus. Samalla tavoin me ihmisetkin toimimme, kun alamme stressaavassa tilanteessa räplätä kännykkäämme, pureskella kynsiämme tai pyöritellä hiuksiamme.

11. Läähättäminen

Ellei syynä ole kuuma ilma tai fyysinen rasitus, läähättäminen voi myös olla merkki stressistä tai ahdistuksesta.

12. Karvojen pystyyn nostaminen

Kun koiran selkäkarvat nousevat pystyyn joko kokonaan tai osittain, koira on yleensä jollakin tapaa kiihtynyt. Hyvin usein taustalla on pelko tai epävarmuus, mutta koira saattaa myös nostaa karvat pystyyn innostuessaan, turhautuessaan tai kiihtyessään.

4. Koiran käyttäytymiselle löytyy aina syy

Koiran luonteeseen, temperamenttiin ja käyttäytymiseen vaikuttavat sekä genetiikka että kokemukset. Kaikelle koiran käyttäytymiselle löytyy aina järkeenkäypä selitys, vaikka käytös olisikin ihmisten näkökulmasta ei-toivottavaa tai ongelmallista.

Geenien ja ympäristön yhteisvaikutus

Taipumus tiettyihin luonteenpiirteisiin ja käyttäytymismalleihin on usein perinnöllistä, joskus hyvin voimakkaastikin. Tämä ei tarkoita, että koiran käyttäytyminen olisi valmiiksi määritelty syntymästä lähtien, vaan että tiettyjen piirteiden ja käyttäytymismallien kehittyminen on todennäköisempää. Myös koiran elämän aikana kokemilla asioilla on huomattavan suuri vaikutus käyttäytymiseen, erityisesti varhaisen pentuajan kokemuksilla.

Jos koira ei pentuaikana saa riittävästi positiivisia kokemuksia erilaisista ihmisistä, koirista, ympäristöistä ja tilanteista, se saattaa suhtautua niihin aikuisena pelokkaasti. Juuri tästä syystä pennun sosiaalistaminen ensimmäisen ikävuoden aikana on niin tärkeää. Jos pentu oppii tänä aikana kokemaan positiivisina kaikki ne asiat, joita se tulee aikuisenakin kohtaamaan, siitä kasvaa todennäköisemmin tasapainoinen, reipas ja hyvinvoiva aikuinen koira.

Uusiin asioihin tottuminen on helpointa noin 2-14:n ikäviikon välillä. Sosiaalistaminen on siis hyvä aloittaa jo kasvattajan luona, ja sitä on jatkettava heti luovutusiän jälkeen. Sillä on kuitenkin suuri merkitys, miten sosiaalistaminen toteutetaan. Pelkkä altistaminen ei riitä, vaan laatu korvaa määrän. On parempi, jos pentu saa pari erittäin hyvää kokemusta tietystä asiasta kuin useita lievästi negatiivisia kokemuksia. Sosiaalistumiskauden aikana pentu oppii erittäin tehokkaasti myös ikävistä kokemuksista ja muodostaa helposti pysyviä pelkotiloja. Kokemuksista olisi siis pyrittävä tekemään mahdollisimman positiivisia, eikä pentua saisi koskaan pakottaa kohtaamaan sen pelkäämiä asioita. Uusiin asioihin tutustuminen on hyvä tehdä vähän kerrallaan, koiran omaan tahtiin ja rauhallisesti.

Onko vika hihnan toisessa päässä?

Omistaja on harvoin yksinään syypää koiran "ongelmalliseen" käyttäytymiseen. Joskus koira on yksinkertaisesti geneettisesti taipuvainen esimerkiksi arkuuteen, ja ikävien sattumusten seurauksena sen varhaiset kokemukset ovat saattaneet vahvistaa näitä piirteitä entisestään. Näin voi tapahtua, vaikka omistaja sosiaalistaisi pentunsa täydellisesti ja kasvattaisi sen parhaalla mahdollisella tavalla. Joskus yksinkertaisesti käy huono tuuri. Usein omistajilla, joilla on ongelmallisesti käyttäytyvä koira, on ollut jo ennestään useita "ongelmavapaita" koiria, eli kasvatustyylissä ei välttämättä ole mitään vikaa.

Jos sinulla itselläsi on koira, joka käyttäytyy silloin tällöin ei-toivotulla tavalla, älä syytä itseäsi. On hyvin todennäköistä, että et ole millään lailla syypää koirasi käyttäytymiseen. Älä välitä muiden syyllistävistä katseista tai puheista. Vain sinä itse tiedät, kuinka paljon välität koirastasi, miten paljon olette yhdessä kokeneet, kuinka paljon olet tehnyt koirasi eteen ja mitä kaikkea olet jo yrittänyt. Siirrä mieluummin katse eteenpäin ja keskity edistymiseen ja etenemiseen. Lopetetaan itsemme ja muiden syyttelyt ja yritetään tarjota meille kaikille samanlaista ymmärrystä, johon pyrimme koiriemme suhteen.

36

Syitä huonolle käytökselle

Koiran ei-toivotulle käyttäytymiselle tarjotaan usein monenlaisia selityksiä. Sanotaan, että koira on paha, tuhma, tyhmä, jääräpäinen, laiska, toimii väärin kiusallaan, pomottaa, kostaa, ärsyttää tai testaa omistajaa. Todellisuudessa yksikään näistä ei ole juuri koskaan koiran käyttäytymisen taustalla.

On melko ihmiskeskeistä ajatella, että kaiken koiran käyttäytymisen tarkoituksena olisi jollakin tapaa testata, pomottaa tai kiusata omistajaa. Todellisuudessa koira toimii sen mukaan, mikä on sille kannattavaa ja tuo sille mielihyvän ja turvallisuuden tunteen. Se ei toimi väärin tahallaan, vaan yleensä taustalla on se, että omistaja ja koira eivät yksinkertaisesti ymmärrä toinen toisiaan.

Varastaessaan ruokaa pöydältä koira ei ajattele vievänsä jotakin omistajalle kuuluvaa, vaan yksinkertaisesti näkee "helposti" saatavilla olevaa ruokaa, jota sen tekee kovasti mieli. Juostessaan jänisten perässä omistajan huudoista välittämättä koira ei uhmaa omistajansa arvovaltaa, vaan toimii vaistojensa varassa ja kokee jänisten jahtaamisen niin äärimmäisen palkitsevana, että kaikki muu unohtuu.

37

Tässä muutamia mahdollisia syitä koiran ei-toivotulle käyttäytymiselle:

1. Pelko, epävarmuus, stressi tai ahdistus

Yllättävän monen käyttäytymisongelman taustalla on pelko jossakin muodossa, vaikka se ei välttämättä päällepäin näyttäisikään siltä. Esimerkiksi aggressiivisesti käyttäytyvä koira saattaa vaikuttaa hyvinkin itsevarmalta, jos se on oppinut, että se saa käyttäytymisellään pelottavan kohteen karkotettua. Koira saattaa myös purkaa ahdistustaan ja stressiään erikoisilla tavoilla. Se saattaa esimerkiksi pelästyessään tai turhautuessaan yrittää lievittää stressiään jahtaamalla häntäänsä, nylkyttämällä omistajaa, haukkumalla, järsimällä esineitä tai repimällä hihnaa.

2. Koira ei ymmärrä, mitä siltä halutaan

Kun koira ei tottele tai kuuntele, syynä on yleensä yksinkertaisesti se, että koira ei ymmärrä, mitä haluamme sen tekevän. Kuvittelemme koiramme usein tietävän, mitä siltä haluamme, koska meistä se tuntuu itsestäänselvältä. Se ei kuitenkaan ole välttämättä oppinut, mitä luulemme sen oppineen. Koira ei automaattisesti ymmärrä puhetta tai sääntöjä, ja se oppii niiden merkitykset omalla tavallaan. Se ei välttämättä ymmärrä, että sana "istu" tarkoittaa istumista, vaan se on ehkä oppinut istumaan, kun omistaja liikuttaa kättään tietyllä tavalla tai katsoo koiraa odottavasti. Se ei välttämättä ymmärrä, että "ei" tarkoittaa sitä, että se on tehnyt jotakin kiellettyä. Se on ehkä yhdistänyt kieltosanan omistajan vihaisuuteen, mutta ei välttämättä ymmärrä, miksi omistaja on vihainen. Se on saattanut oppia, että tarpeiden tekeminen sisälle on kiellettyä silloin, kun omistaja on paikalla, mutta ei silloin, kun omistaja on poissa.

Koirat ovat myös yllättävän huonoja yleistämään oppimaansa. Vaikka koira osaisi istua täydellisesti käskystä kotona olles-

38

saan, se ei välttämättä ymmärrä lainkaan, mitä siltä pyydetään, kun käsky annetaankin ulkona. Pienetkin yksityiskohdat, kuten omistajan asento, lähes huomaamattomat pään liikkeet tai äänensävy saattavat toimia koiralle vihjeenä varsinaisen sanallisen käskyn sijaan. Näiden vihjeiden muuttuessa koira saattaakin olla ymmällään. Käskyjä on harjoiteltava useissa eri tilanteissa, jotta koira oppisi yleistämään ne. Yleensä tehtävää joudutaan uusissa tilanteissa myös helpottamaan hieman, jotta koira muistaisi, mitä sen kuuluu tehdä.

3. Koiraa on (yleensä vahingossa) palkittu käytöksestä

Koira, joka hyppii ihmisiä vasten, on ehkä saanut tästä käytöksestä huomiota edes silloin tällöin, vaikka huomio olisikin negatiivista. Koira saattaa kokea jopa kieltämisen tai pois työntämisen palkitsevana, jos se kokee sen olevan ainoa huomio, jota se siinä tilanteessa voi saada. Samoin koira, joka vie pöydältä ruokaa, saattaa saada palkan käytöksestään, jos pöydälle unohtuu edes joskus jotakin herkullista. Satunnaiset palkinnot voimistavat koiran käytöstä entisestään, sillä se ei tiedä, millä kerralla se tulee seuraavaksi onnistumaan.

4. Käyttäytyminen on itsessään koiralle palkitsevaa

Tiettyjen käyttäytymismallien suorittaminen tuo koiralle hyvänolontunteen. Koira ei välttämättä saavuta käytöksellään mitään muuta kuin mahdollisuuden käyttäytymisen suorittamiseen. Esimerkiksi haukkuminen, kaivaminen, jahtaaminen, leikkiminen ja järsiminen voivat olla jo itsessään niin palkitsevia koiralle, ettei kieltämisestä tai koiralle suuttumisesta ole juurikaan hyötyä pitkällä aikavälillä. Koira on jo ehtinyt kokea tilanteen palkitsevana, jolloin käytös on seuraavallakin kerralla todennäköisempää.

5. Tottelemattomuus on kannattavampaa kuin totteleminen

Jos vaihtoehtoina on hihnaan joutuminen luokse tullessa tai hauskanpidon jatkaminen, kumman itse valitsisit? Koira toimii sen mukaan, mikä on sillä hetkellä kannattavinta. Jotta koira kuuntelisi meitä, on tottelemisesta tehtävä sen kannalta riittävän palkitsevaa.

6. Koira on liian kiihdyksissään

Koira saattaa innostua niin paljon toisen koiran näkemisestä, vieraiden saapumisesta tai saaliin jahtaamisesta, ettei se pysty keskittymään mihinkään muuhun. Se saattaisi kyllä totella normaalitilanteessa, mutta se on liian innoissaan tai kiihtynyt kyetäkseen kuuntelemaan käskyjä. Tilanne on ehkä yksinkertaisesti koiralle liian vaikea. Tämän välttämiseksi käskyjä on hyvä harjoitella erilaisten häiriöiden kanssa, aloittaen kaikkein helpoimmista tilanteista.

7. Pinttynyt tapa

Koira on toistanut käytöstä niin usein samassa tilanteessa, että se tapahtuu ikään kuin automaattisesti. Vaikka käyttäytymisen taustalla olisi aiemmin ollut voimakaskin tunne, koira saattaa jatkaa samaa käytöstä siitäkin huolimatta, että se ei ehkä enää edes tunne samalla tavalla. Koira ei yksinkertaisesti tiedä mitään muutakaan tapaa toimia tilanteessa.

8. Totteleminen on epämiellyttävää

Vaikka koira osaisi istua käskystä, se ei välttämättä mielellään istu märässä nurmikossa tai kylmällä lattialla. Samoin jos koiralla on kipuja, tietyt liikkeet tai asennot saattavat olla sille epämukavia tai kivuliaita. Käskyn noudattaminen saattaa myös olla koiran mielestä pelottavaa tai asettaa sen ahdistavaan tilanteeseen. Esimerkiksi jos koira pelkää jotakin, se ei välttämättä halua istua tai maata kyseisessä tilanteessa, sillä tällöin se olisi haavoittuvaisessa asemassa eikä pääsisi tarvittaessa pakenemaan nopeasti.

9. Turhautuminen

Jos koiraa estetään saamasta jotakin, minkä se on motivoitunut saamaan, pakotetaan tekemään jotakin, mitä se ei halua tehdä, tai se ei ymmärrä, mitä omistaja haluaa sen tekevän, se saattaa purkaa turhautumisensa johonkin ei-toivottuun käyttäytymiseen. Joidenkin koirien on vaikea hyväksyä, etteivät ne voi aina saada kaikkea mitä ne haluavat, ja tällöin itsehillinnän ja luopumisen harjoittelusta voi olla paljon hyötyä.

10. Tylsistyminen

Jos koira ei saa tarpeeksi liikuntaa, tekemistä tai mahdollisuuksia lajityypillisen käyttäytymisen toteuttamiseen, se saattaa turhautua, stressaantua tai keksiä itselleen omatoimisesti tekemistä.

11. Omistajan käyttäytyminen

Koira aistii voimakkaasti omistajansa tunteet. Jos olet itse stressaantunut ja jännittynyt, koira saattaa kokea tilanteen uhkaavana tai pelottavana. Koiralle suuttuminen, tiukasti käskeminen tai rankaiseminen saattavat myös johtaa siihen, että koira alkaa kokea tilanteen epämiellyttävänä tai ahdistavana. Vastaavasti omistajan iloinen ja huoleton käytös saattaa auttaa koiraa selviämään tilanteesta paremmin. Omistajan käyttäytyminen on harvoin yksinään koiran käyttäytymisen taustalla, mutta sillä on kuitenkin osittainen vaikutus.

12. Kipu ja terveysongelmat

Kipu on yllättävän usein osasyy tai jopa ainoa syy koiran muuttuneelle käyttäytymiselle. Koirat ovat äärimmäisen taitavia piilottamaan kipunsa, ja joskus ainoa merkki siitä saattaa olla hyvinkin pieni muutos koiran käyttäytymisessä. Joskus kipu vaikuttaa käyttäytymiseen tavoilla, joita emme normaalisti edes osaisi yhdistää kipuun. Koira saattaa esimerkiksi nukkua enemmän, alkaa yhtäkkiä pelätä jotakin, olla stressaantuneempi kuin yleensä tai muuttua ärtyneemmäksi tai jopa aggressiiviseksi. Se saattaa olla haluton nousemaan ylös makuuasennosta, pysähdellä kävelyillä, kieltäytyä lähtemästä ulos tai arastella koskemista. Eläinlääkärikäynti on aina hyvä ajatus, jos koiran käyttäytyminen muuttuu yllättäen.

Käyttäytymisen syiden selvittäminen on tärkeää

Kun koiran käyttäytymistä lähtee muokkaamaan, ensimmäinen askel on aina ymmärtää syyt käyttäytymisen taustalla. Tällöin voidaan pelkkien "oireiden" hoitamisen sijaan paneutua asian ytimeen. Aina, kun koira tekee jotakin, mistä et pidä, yritä hetkeksi asettua sen asemaan. Voisiko käyttäytyminen mahdollisesti johtua jostakin edellä mainitusta syystä?

Yleensä käyttäytymisen taustalla on useita tekijöitä, eikä voida siis välttämättä sanoa, että syynä olisi vain yksi tunnetila tai pelkästään kipu. Koira saattaa esimerkiksi rähistä hihnassa muille koirille, koska se tuntee kaulassaan kipua vetäessään, se kokee tilanteen epäilyttävänä koska omistaja on sille vihainen, se saattaa olla osittain epävarma tuntemattoman koiran aikeista, ja osittain se taas haluaisi tehdä lähempää tuttavuutta. Se saattaa myös olla turhautunut, koska se ei pääse hihnan vuoksi tekemään itse valintoja. Lisäksi sillä saattaa olla esimerkiksi huomaamatta jäänyt nivelrikko, mikä tekee siitä entistäkin ärtyneemmän.

43

5. Koira ei ole susi

Olet ehkä huomannut, että tässä kirjassa ei olla tähän mennessä mainittu vielä kertaakaan sanoja johtajuus, dominanssi tai alistuminen. Tähän on useampikin syy. Lyhyt vastaus on, ettei näille käsitteille nykytiedon valossa yksinkertaisesti ole tarvetta koiran kanssa eläessä ja sitä kouluttaessa.

Mitä dominanssi oikeastaan tarkoittaa?

Yksi ongelma johtajuudesta ja dominanssista puhuttaessa on, että jokaisella tuntuu olevan hieman erilainen käsitys siitä, mitä näillä käsitteillä itse asiassa tarkoitetaan. Eläinten käyttäytymistieteessä dominanssin määritelmä on kahden tai useamman yksilön välinen suhde, jonka avulla selvitetään, kenellä on ensisijainen pääsy tärkeisiin resursseihin, kuten ruokaan, nukkumapaikkoihin ja lisääntymiskumppaneihin.

Kun jokainen yksilö tietää, miten missäkin tilanteessa toimitaan, vältytään konfliktitilanteilta. Tarkoituksena on siis nimenomaan *välttyä* yhteenotoilta, eikä johtajuutta ylläpidetä tai korosteta aggressiivisesti. Sen sijaan arvojärjestys ilmenee hienovaraisin elein. Dominanssi ei myöskään ole luonteenpiirre, vaan kuvaus yksilöiden välisestä vuorovaikutuksesta ja suhteesta.

Ongelmia laumanjohtajuus-käsitteen käytöstä syntyy silloin, kun sen avulla oikeutetaan ikävien koulutusmetodien käyttö. Usein uskotaan, että omistajan johtajuutta on korostettava koiraa rankaisemalla ja uhkailemalla, eikä hyvästä käyttäytymisestä kannata palkita koiraa, sillä sen tulisi totella pelkästä miellyttämisenhalusta. Koiran ja omistajan suhde nähdään kilpailutilanteena, jossa koira saattaa milloin tahansa kaapata vallan. Tässä tapauksessa dominanssi-sanan määritelmä on erilainen kuin se, mistä eläinten käyttäytymisen tutkijat puhuvat.

Muodostavatko koirat laumahierarkian?

Susitutkimukset, joihin dominanssiteoria perustuu, eivät nykytiedon valossa lainkaan kuvasta luonnossa elävän susilauman sisäisiä suhteita. Koirat käyttäytyvät joka tapauksessa niin eri tavalla susiin verrattuna, että susitutkimuksista ei voi vetää johtopäätöksiä koirien käyttäytymiseen liittyen.

Kun koiria on alettu tutkia suoraan, on huomattu, että koirien väliset suhteet ovat huomattavasti monimuotoisempia ja hienovaraisempia kuin aiemmin uskottiin. Koirilla ei yleensä ole selkeää lineaarista hierarkiaa, ja arvojärjestys on usein tilannesidonnaista. Kaikkien yksilöiden välille ei välttämättä edes muodostu selkeää johtajuussuhdetta.

Jotta koirat voisivat elää sovussa keskenään, niiden on väistämättä muodostettava jonkinlainen käsitys siitä, kuka saa milloinkin resurssit itselleen ja kuka väistää ketä. Aina tämä ei kuitenkaan tarkoita sitä, että yksi yksilö voittaisi aina kaikissa tilanteissa. Koirien väliset suhteet perustuvat hyvin pitkälti oppimiseen; kuka on aiemmin voittanut, kuka on motivoitunein kyseisestä resurssista, kuka on sinnikkäin, kuka rauhanomaisin, jne. Koira A saattaa esimerkiksi saada aina lelut itselleen, koska ne ovat sille tärkeä resurssi. Koira B saattaa kuitenkin pitää luita huomattavasti arvokkaampina kuin leluja, ja siksi koira A on oppinut luovuttamaan luiden suhteen.

Arvojärjestyksestä huolimatta etuoikeus resurssiin on joka tapauksessa yleensä aina sillä, jolla resurssi on sillä hetkellä hallussa. Ei ole olemassa minkäänlaisia todisteita siitä, että koirat kuvittelisivat ihmisten olevan koiria tai muodostaisivat "lauman" meidän kanssamme. Koirat käyttäytyvät tutkitusti eri tavalla ihmisten ja koirien kanssa, eikä siis koirien välisen arvojärjestyksen mahdollinen olemassaolo tarkoita välttämättä sitä, että koirat muodostaisivat samanlaisia suhteita meidän kanssamme. On myös selvää, että koirat eivät suunnittele johtajuuden kaappaamista; johtajuus itsessään ei motivoi niitä. Sen sijaan ne tavoittelevat yksittäisiä tärkeitä asioita, kuten ruokaa, lepopaikkaa, turvallisuuden tunnetta tai huomiota.

Täytyykö meidän dominoida koiriamme?

Tärkein kysymys ei ole välttämättä se, onko koirien välillä laumahierarkiaa vaan se, miten meidän tulisi koiriemme kanssa käyttäytyä. Onko meidän "dominoitava" koiriamme ja osoitettava niille olevamme laumanjohtajia, jotta ne käyttäytyisivät hyvin?

Vaikka dominanssi onkin käsitteenä vaikea määritellä, on kuitenkin olemassa useita tutkimuksia siitä, millaiset koulutusmenetelmät toimivat parhaiten ja miten meidän kannattaisi koirien kanssa elää ja toimia. Useat tutkimustulokset ovat osoittaneet, että positiivisesti vahvistamalla ja koiralähtöisiä menetelmiä käyttämällä saadaan aikaan parempia ja pysyvämpiä tuloksia, parempi hyvinvointi ja vahvempi suhde koiraan kuin johtajuusajatteluun perustuvilla menetelmillä. Ratkaisuksi ongelmiin on olemassa paljon tehokkaampia ja koiraystävällisempiä menetelmiä kuin johtajuuden korostaminen.

Koira ei opi automaattisesti käyttäytymään paremmin, vaikka se kulkisi ovista perässäsi, söisi sinun jälkeesi, häviäisi kaikki vetoleikit, eikä pääsisi sohvalle. Koira ei myöskään yritä kaapata valtaa, vaikka se saisikin huomiota sitä pyytäessään tai pääsisi aloittamaan leikkihetken kanssasi. Jotta koira käyttäytyisi hyvin, se on yksinkertaisesti opetettava käyttäytymään halutulla tavalla.

Johtajuusongelmaa on turha syyttää

Johtajuusajatteluun kuuluu yleensä se, että johtajuusongelmaa syytetään melkeinpä kaikesta koiran huonosta käytöksestä. Koiran käyttäytymiselle on kuitenkin aina olemassa yksinkertaisempi ja loogisempi selitys kuin se, että koira kuvittelisi olevansa laumanjohtaja.

Koira toimii sen mukaan, mikä milloinkin on kannattavaa. Se ei vedä hihnassa siksi, että se kuvittelisi olevansa laumanjohtaja, vaan todennäköisesti koska sen kävelytahti on nopeampi kuin omistajan. Ihmisiä vasten hyppivän koiran suunnitelmana ei ole johtajuuden kaappaaminen, vaan se on todennäköisesti innoissaan ja yrittää päästä nuolemaan ihmisten kasvoja. Koira ei tee kynsienleikkuusta vaikeaa siksi, että se kyseenalaistaisi arvovaltaasi, vaan sitä ehkä pelottaa tilanne, jota se ei ymmärrä. Jos koira murisee sinulle, kun lähestyt sitä sen syödessä luuta, se ei korosta johtajuuttaan, vaan pelkää menettävänsä arvokkaan resurssin, jonka se ko-

48

kee omakseen.

Koira ei automaattisesti ymmärrä, mitä sen tulisi tehdä, vaikka kuinka korostaisimme johtajuuttamme. Koirat eivät anna toisilleen käskyjä, leikkaa toistensa kynsiä, kävelytä toisiaan hihnassa tai vaadi toisiaan olemaan haukkumatta. Siksi "johtajuuden korostaminen" ei myöskään auta koiraa millään tapaa ymmärtämään näiden asioiden merkityksiä.

Älä siis murehdi siitä, kuka on "johtaja", vaan keskity panostamaan sinun ja koirasi väliseen positiiviseen suhteeseen. Kun koira pystyy luottamaan sinuun ja kokee sinun kanssasi olemisen ja puuhaamisen hauskana ja kannattavana asiana, moni asia helpottuu ja koirasta tulee yhteistyöhaluisempi, hyvinvoivampi ja onnellisempi. Kohtele koiraasi kuin hyvää ystävää, jolle täytyy selittää, miten maailma toimii. Kohtele koiraasi niinkuin toivoisit itseäsikin kohdeltavan ja nauti sen kanssa ajan viettämisestä yhtä paljon kuin se nauttii sinun kanssasi olemisesta.

6. Aseta koiralle realistisia vaatimuksia

Olemme tähän mennessä oppineet ymmärtämään koiriamme ja niiden käyttäytymistä paremmin. Seuraavaksi voimme keskittyä siihen, miten voimme muuttaa koiriemme käyttäytymistä ja auttaa niitä ymmärtämään *meitä* paremmin.

Jokainen meistä haluaa tietysti hyvin käyttäytyvän koiran, jonka kanssa on helppo elää. Aivan aluksi on kuitenkin hyvä valmistautua ja pohtia muutamia asioita.

Älä vaadi koiralta liikoja

Koirat pärjäävät ja käyttäytyvät itse asiassa yllättävän hienosti ihmisten maailmassa siitäkin huolimatta, että niiltä vaaditaan jatkuvasti uskomattoman paljon. Koirilta vaaditaan, että niiden tulisi pitää jokaisesta kohtaamastaan ihmisestä ja koirasta ja hyväksyä kaikki muutokset ja oudot tapahtumat elämässään. Niiden pitäisi hillitä suurin osa luontaisesta käyttäytymisestään; muita eläimiä ei saisi jahdata, haukkua ei saisi mieluiten koskaan, pihalla ei saisi kaivaa kuoppia eikä ruokaa saisi etsiä omatoimisesti.

Oletamme, että koirat hyväksyvät kynsienleikkuun, pesemisen ja eläinlääkärikäynnit, vaikka ne eivät ollenkaan ymmärrä, miksi teemme niille niin "hirveitä" asioita. Ne eivät saisi innostua vieraiden saapumisesta tai lenkille lähtemisestä, vaan tunteita saisi purkaa ainoastaan silloin, kun omistaja sanoo. Koirien vaaditaan hillitsevän itsensä täysin jokaisessa tilanteessa, vaikka niiden helposti saatavilla olisi jännittäviä, mielenkiintoisia tai herkullisia asioita. Kaiken lisäksi niiden oletetaan olevan hiljaa ja tekemättä mitään sillä välin, kun olemme poissa tai emme ehdi viihdyttää niitä.

Vaadimme koirilta jopa enemmän kuin voisimme realistisesti vaatia lapselta tai edes aikuiselta ihmiseltä. Voisitko jättää kolmevuotiaan lapsen yksin kotiin ja olettaa, ettei paikkoja olisi tuhottu palatessasi? Pystyisitkö itse katselemaan lautasellista suklaakeksejä pitkin päivää ilman, että koskisit niihin? Kuinka realistista olisi, jos joku vaatisi, että koko loppuelämäsi ajan et saa milloinkaan suuttua kenellekään tai edes väittää vastaan? Kuvittele, että sinulla ei olisi tv:tä, internetiä, kirjoja eikä älypuhelinta, ja sinun tulisi viettää suurin osa päivästä tekemättä yhtään mitään. Kuinka kauan pysyisit selväjärkisenä?

Olemme ottaneet kotiimme eläimen, joka on eri lajia kuin me. Siitä huolimatta oletamme, että se sopeutuu luomaamme ympäristöön ilman ongelmia ja käyttäytyy täysin eri tavalla kuin koira käyttäytyy.

Meillä koiranomistajilla on tapana haluta kontrolloida kaikkea koiriemme tekemistä ja käyttäytymistä. Päätämme, milloin koira syö, mitä se syö, milloin se pääsee ulos, mitä se tekee vapaaajallaan, milloin se saa tehdä tarpeensa ja niin edespäin. Kuitenkin mahdollisuus valintojen tekemiseen on tärkeä eläinten hyvinvointiin vaikuttava tekijä. Välillä on siis hyvä miettiä, voisiko koiran antaa päättää vaihteeksi jostakin. Jos koiran käyttäytymisestä ei ole

kenellekään haittaa, ehkä maailma ei kaadu siihen, jos asian antaa vain olla.

Koiran kanssa eläminen on jatkuvaa kompromissien tekemistä, sekä meidän että koirien osalta. Meidän on hyvä välillä muistuttaa itseämme siitä, mistä kaikesta koira on itse asiassa luopunut meidän vuoksemme ja mitä kaikkea siltä vaaditaan jo nyt. Ole siis ylpeä koirastasi jokaisena hetkenä, kun se käyttäytyy hienosti kaikesta huolimatta. Mieti, mitkä asiat ovat sinulle aidosti tärkeitä; mitä koiran on ehdottomasti osattava, ja millä taas ei ole välttämättä niin paljon väliä.

Hyväksy koirasi sellaisena kuin se on

Kaikki haluaisivat varmasti täydellisesti käyttäytyvän koiran. Sellaista ei kuitenkaan ole olemassa. On helppo nähdä koirassa kaikki sen viat, ongelmat ja puutteet, mutta todellisuudessa yksikään koira ei ole täydellinen. Kuten emme me omistajatkaan. Voimme silti hyväksyä sekä itsemme että koiramme sellaisina kuin olemme juuri tällä hetkellä ja olla välittämättä liikaa pienistä virheistä ja epätäydellisyyksistä. Keskity mieluummin koirasi hyviin puoliin, niiden vahvistamiseen ja niistä nauttimiseen.

Aseta realistisia tavoitteita

Koiran hyväksyminen sellaisena kuin se on ei tietenkään tarkoita sitä, etteikö koiran käyttäytymistä voisi tai pitäisi muuttaa. Ongelmallisen käytöksen vuoksi ei tarvitse kärsiä, vaan koiran käyttäytymiseen voi myös vaikuttaa. Koirat voivat oppia uskomattomia asioita ja päästä yli vaikeistakin ongelmista, mutta ei kannata kuitenkaan odottaa mahdottomia. Jos koira esimerkiksi vihaa muita koiria, voi olla epärelistista olettaa, että siitä tulisi joskus koirapuistoilusta nauttiva kaikkien koirien kaveri. Sen sijaan täysin saavutettavissa oleva tavoite voi olla se, että koiraa voisi jonakin päivänä ulkoiluttaa muiden koirien ohi ilman rähinöitä. Vakavista ongelmista

53

ei välttämättä ole mahdollista päästä koskaan kokonaan eroon, mutta yleensä arkea voidaan kuitenkin helpottaa huomattavasti sekä koiralle että omistajalle.

Kärsivällisyyttä tarvitaan

Jotta saisimme muutettua koiriemme käytöstä, meidän on muutettava ensin omaa käytöstämme. Omaa elämää on joskus muutettava väliaikaisesti tai jopa pysyvästi, jotta koiran kanssa onnistuttaisiin. Koiran käyttäytymisen muuttamiseen kuluu aina jonkin verran aikaa ja vaivaa. Helppoja pikaratkaisuja ei ikävä kyllä ole olemassa. Et todennäköisesti menisi psykologille olettaen, että hän korjaisi kaikki ongelmasi yhden käynnin aikana. Aivan samalla tavoin olisi epärealistista kuvitella, että koiran ongelmat saataisiin helposti ratkottua päivässä tai parissa. Yleensä koiran käytöksen taustalla on pitkään jatkunut oppiminen ja voimakkaat tunteet, joiden muuttaminen ei tapahdu hetkessä. Jos joku käskisi sinua nyt heti lopettamaan suklaan syömisen kokonaan, kuinka hyvin luulisit sen onnistuvan? Entä, jos joku olettaisi sinun oppivan kokonaan uuden kielen kahdessa päivässä? Uskoisitko pääsevän eroon voimakkaasta lentopelosta alle viikossa?

Usein käyttäytymisen muuttamiseen menee useita viikkoja tai kuukausia, riippuen koirasta, tilanteesta ja siitä, kuinka paljon sen eteen on mahdollista tehdä töitä. Loppujen lopuksi kaikki vaivannäkö ja koulutukseen käytetty aika on sen arvoista, kun yhteiselo koiran kanssa helpottuu.

Usein koiran käyttäytymisen muuttaminen ei kuitenkaan ole yhtä vaivalloista, hankalaa tai aikaavievää kuin äkkiseltään luulisi. Tuloksia voidaan saada yllättävänkin nopeasti, kunhan toimitaan kärsivällisesti ja koiraa kuunnellen. Koiran kouluttamiseen ei yleensä tarvitse uhrata tuntikausia päivässä, jotta edistystä tapahtuisi, vaan usein jo pelkkä parin minuutin harjoittelu silloin tällöin riittää oikein hyvin.

7. Rankaiseminen koiran näkökulmasta

Kun koira halutaan saada lopettamaan jonkin asian tekeminen, rankaiseminen saattaa tuntua luonnolliselta ja helpolta vaihtoehdolta. Vähintäänkin koetaan, että koiraa tulisi kieltää huonosta käyttäytymisestä. Rankaiseminen tuntuu ehkä houkuttelevalta pikaratkaisulta, mutta siihen sisältyy runsaasti riskejä ja ikäviä sivuvaikutuksia. Vaikka rankaisut toimisivatkin hetkellisesti, pitkällä aikavälillä ne eivät kuitenkaan ole tehokkain, turvallisin tai eettisin tapa kouluttaa koiraa. On olemassa myös huomattavasti koiraystävällisempiä ja lempeämpiä menetelmiä vähentää koiran ei-toivottua käyttäytymistä.

Mikä on rankaisemista?

Rankaisu on jotakin, minkä koira kokee jollakin tapaa epämiellyttävänä, negatiivisena, pelottavana, kivuliaana tai huolestuttavana, ja jonka seurauksena on epätodennäköisempää, että koira toistaa rankaisua edeltävää käytöstä tulevaisuudessa.

Moni uskoo, että rankaisemiseen lukeutuu ainoastaan koiran fyysinen pahoinpitely tai kivun aiheuttaminen. Kuitenkin rankaisun määritelmän mukaisesti rankaisemista on kaikki, minkä koira kokee riittävän negatiivisena, että sen käyttäytyminen vähenee. Koira siis itse määrittelee, mikä on rankaisevaa ja mikä ei. Herkälle koiralle jo pelkkä omistajan muuttunut elekieli saattaa toimia voimakkaanakin rankaisuna.

Ikävä kyllä menetelmiä ja välineitä, jotka perustuvat rankaisemiseen, mainostetaan usein "lempeinä", "positiivisina" ja "koiraystävällisinä". Kannattaa siis olla tarkkana ja miettiä, mihin menetelmän toimivuus perustuu. Rankaisemiseen perustuvat muun muassa hihnasta nykiminen, ketjukaulaimet, koiralle huutaminen, kovalla äänellä pelästyttäminen, vetäessä kiristyvät vedonestovaljaat, vesisuihkepullot, painesuihkepullot, haukunestopannat ja koiran selättäminen.

Onko kieltäminen rankaisemista?

Myös kieltäminen ja tiukalla, käskevällä tai vihaisella äänensävyllä koiralle puhuminen voivat joissakin tapauksissa toimia rankaisun tavoin. "Ei"-sanasta ei sinänsä ole mitään haittaa, jos se lausutaan neutraalilla äänensävyllä ja sen merkitys on erikseen opetettu koiralle. Se voi tarkoittaa suunnilleen samaa kuin luopumiskäsky: "lopeta se, mitä olit tekemässä". Yleensä pelkkä kielto ei kuitenkaan kerro koiralle, mitä sen haluttaisiin tekevän, ja usein koiralle onkin kiellon jälkeen annettava jokin toinen käsky. Helpompaa olisi antaa koiralle selkeä käsky jo heti alkuun, jotta koira tietäisi, miten sen tulisi toimia. Koulutuskeinona jatkuva kieltäminen on melkoisen tehoton. Ellei kielto toimi rankaisun tavoin, koiran käytös ei vähene myöskään tulevaisuudessa. Sen avulla saadaan kyllä koira lopettamaan tekemisensä väliaikaisesti, mutta se ei yleensä opeta koiralle mitään pidemmällä aikavälillä.

Kieltojen käytössä ei siis ole mitään pahaa, mutta ne toimivat yleensä kahdella mahdollisella tavalla: joko ne eivät opeta koiralle mitään tai koira kokee ne rankaisevina. Niistä on toki hyötyä tilanteissa, joissa koira täytyy äkkiä saaada lopettamaan tekemisensä, jolloin kieltosana on yleensä ensimmäinen sana, joka meille tulee mieleen.

"Ei" on kuitenkin vaikea sanoa neutraalisti, ja yleensä siihen yhdistyykin negatiivinen äänensävy. Moni koira on herkkä omistajansa tunnetiloille ja saattaa kokea kieltämisen yllättävänkin ikävänä asiana. Usein koira myös oppii yhdistämään kiellot negatiivisiin asioihin. Monesti jos koira ei reagoi heti kieltoon, omistaja tehostaa viestiään muilla keinoin, esimeriksi entistä kovemmalla tai vihaisemmalla äänellä, tarttumalla koiraa kaulapannasta, nykäisemällä hihnasta tai taputtamalla käsiään kovaäänisesti. Vaikka näitä "tehokeinoja" olisi käytetty vain silloin tällöin, koira saattaa niiden seurauksena reagoida jo pelkkään "ei"-sanaan pelokkaasti. Samalla tavoin kuin naksutin muuttuu koiran mielessä positiiviseksi asiaksi, kun sen ääni yhdistetään herkkuihin, kieltosana saattaa muuttuua negatiiviseksi ja jopa pelottavaksi asiaksi.

Jos koiran käyttäytyminen vähenee kieltojen seurauksena, koira on kokenut ne rankaisevina. Jos koira reagoi "ei"-sanaan madaltamalla vartaloaan, säpsähtämällä, laittamalla hännän koipien väliin, vetämällä korvat luimuun tai laskemalla päätään alaspäin, se ei tarkoita, että se alistuisi tai ymmärtäisi tehneensä jotakin väärin. Se on todennäköisemmin huolissaan tai peloissaan ja yrittää lepytellä vihaista omistajaa. Nämä eleet ovat merkkejä siitä, että koira hyvin todennäköisesti koki kiellon rankaisevana.

Samalla tavoin vihaisesti tai tiukasti lausuttu käsky voi olla

koiran näkökulmasta rankaiseva. Sillä ei niinkään ole väliä, mitä sanotaan, vaan oleellista on äänensävy ja se, mihin koira on yhdistänyt sanan. Jos esimerkiksi "seuraa"-käsky huudetaan aina koiralle vihaisesti, samalla remmistä nykien, jo käskyn kuuleminen voi toimia koiralle rankaisun tavoin.

Vaikka koira ei kokisikaan käskyä varsinaisesti rankaisevana, iloisesta ja ystävällisestä äänensävystä on joka tapauksessa enemmän hyötyä kuin käskevästä. Koirankoulutuksessa on jäänyt jonkinlaiseksi tavaksi käskyttää koiraa tiukasti, ikään kuin se ei muuten tottelisi. Jos koira kuitenkin osaa käskyn tarpeeksi hyvin, jo pelkän hiljaisen kuiskauksenkin pitäisi riittää. Itse asiassa koira tottelee nopeammin ja innokkaammin, jos käsky annetaan iloisella ja ystävällisellä äänensävyllä vihaisen ja käskevän sijaan. Samalla myös omistajan ja koiran välinen suhde paranee ja koira kokee tilanteen positiivisempana. Jos sen sijaan koira esimerkiksi pelkää jo valmiiksi vieraita ihmisiä, ja sitä käsketään vihaisesti istumaan aina ihmisen nähdessään, se alkaa kokea tilanteen entistä ikävämpänä. Sillä, miten puhumme koirillemme, on yllättävän suuri vaikutus koiran mielialaan.

Mitä vikaa on rankaisemisessa?

1. Koira ei välttämättä ymmärrä, mistä sitä rankaistiin

Erityisesti jos koiraa kielletään tai rangaistaan jatkuvasti erinäisistä asioista, eikä ajoitus osu täysin kohdalleen, koiralle saattaa jäädä epäselväksi, mitä se itse asiassa teki väärin. Koita asettua itse koiran asemaan ja miettiä, kuinka paljon ymmärtäisit, jos et lainkaan käsittäisi ihmisten sääntöjä ja ajattelutapoja.

Hyvä esimerkki tästä on, kun olin lomalla Alankomaissa. Menin ystävieni kanssa kahvilaan ja istuimme alas syömään ostamiamme eväitä. Hetken päästä kuului kovaääninen "No, no, no, NO, NO, NO!", kun kahvilanomistaja ryntäsi paikalle huutaen yhdelle kavereistani englanniksi. Olimme kaikki ymmällämme. Mitä kaverini oli tehnyt väärin? Eikö hän olisi saanut istua sohvan käsinojalla? Istuimmeko kielletyllä alueella? Oliko ongelma se, että hän silitti kahvilan omistajan koiraa ilman lupaa? Lopulta kielimuurista yli päästyämme selvisi, ettei kaverini olisi tietenkään saanut juoda omasta vesipullostaan kahvilan tiloissa.

Mitä jos yhteistä kieltä ei olisikaan löytynyt? Entä jos kaverini kulttuurissa ei olisi tällainen käytäntö lainkaan tapana? Kuinka monta kertaa kahvilan omistaja olisi joutunut toistamaan kieltonsa, ennen kuin viesti olisi mennyt perille? Ja olisiko kaverini ikinä edes oppinut, että ongelma on nimenomaan *omasta* vesipullosta juominen? Ehkä hän olisi sen sijaan luullut, että kaikki juominen on kahvilassa kiellettyä.

Koska koira ei sisäsyntyisesti ymmärrä keksimiämme sääntöjä, se ei välttämättä hoksaa, mistä sitä rangaistaan. Se saattaa esimerkiksi luulla, että syynä oli sinun lähelläsi oleskelu, toisen koiran katsominen, pihalla oleminen tai vaikka tarpeiden tekeminen sinun nähtesi. Jos koira ei ymmärrä, mitkä sen valinnat johtavat rankaisemiseen, se saattaa lopulta sulkeutua täysin ja lopettaa kaiken tekemisen ja oma-aloitteisuuden, koska muukaan ei auta. Tämä saattaa ihmisen näkökulmasta olla tietysti jopa toivottavaa, mutta tällainen koira ei ole onnellinen eikä voi hyvin. Koira, joka ei uskalla

olla oma-aloitteinen ja oma itsensä, ei ole sen kummempi kuin passiivinen lelukoira.

2. Rankaiseminen on vaikea toteuttaa oikein

Jotta rankaisemalla kouluttaminen toimisi, ajoituksen on oltava täsmälleen oikea ja rankaisun on tapahduttava joka ikinen kerta, kun koira käyttäytyy ei-toivotulla tavalla. Tämä voi olla yllättävän vaikeaa. Usein kun koiraa rangaistaan, se on jo ehtinyt suorittaa osittain käyttäytymismallin, jonka se kokee mahdollisesti palkitsevana. Jos koiran motivaatio tietyn käyttäytymisen toteuttamiseen on riittävän suuri, se toistaa sitä myös tulevaisuudessa rankaisuista riippumatta.

Rankaisun on myös oltava riittävän voimakas, jotta se toimisi, mutta ei niin voimakas, että koira traumatisoituisi. Tasapainon löytäminen näiden väliltä on haastavaa. On yleistä aloittaa lievimmästä mahdollisesta rankaisusta ja kun se ei toimi, lisätään rankaisun voimakkuutta. Koira tottuu tällä tavoin voimakkaampiin ja voimakkaampiin rankaisuihin, ja lopulta aletaan mennä jo eläinrääkkäyksen puolelle, jotta rankaisu tehoaisi.

Kun rankaisu menee mönkään, seuraukset voivat olla vakavat. Koira saattaa muodostaa voimakkaita pelkoja yllättäviin kohteisiin, se saattaa muuttua aggressiiviseksi, sen käyttäytyminen voi pahentua entisestään tai esille saattaa putkahtaa uusia, eitoivottavia käyttäytymismalleja. Näiden poiskouluttaminen on huomattavan paljon vaikeampaa kuin sen korjaaminen, jos koiraa on palkittu vahingossa väärästä asiasta.

3. Rankaisemiseen liittyy ikäviä sivuvaikutuksia

Useat tutkimustulokset ovat osoittaneet, että rankaisujen käyttö lisää koiran stressiä, ahdistusta, pelkoa ja aggressiivista käytöstä, ja että positiiviseen vahvistamiseen perustuvat menetelmät ovat kaikin puolin kannattavampia. Rankaisuja käyttäessä on todennäköi-

sempää, että koira vastaa omistajan käyttäytymiseen aggressiivisesti. Rankaisujen käyttäminen myös heikentää omistajan ja koiran välistä suhdetta ja vähentää koiran luottamusta ja hyvinvointia.

4. Rankaiseminen ei poista taustalla olevaa syytä

Koiran käytöksen voi ehkä rankaisujen avulla saada tukahdutettua, mutta tällöin käyttäytymisen taustalla olevat syyt jäävät hoitamatta. Jos käyttäytymisen taustalla on stressi, pelko tai ahdistus, rankaiseminen vain vahvistaa näitä tunnetiloja, ja lopulta käyttäytyminen pahenee. Vaikka taustalla ei alun perin olisikaan ollut negatiivinen tunnetila, rankaisujen avulla sellainen saadaan varmasti vielä lisättyä mukaan.

Rankaisemalla siis saadaan ehkä käytös pysäytettyä, mutta taustalle jää ikävä tunnetila tai voimakas motivaatio käyttäytymismallin suorittamiseen. Lopulta koiran on pakko purkaa kaikki patoutuneet tunteensa jollakin tapaa. Se saattaa tukahduttaa kielletyn käytöksensä jonkin aikaa, kunnes jokin tilanne tuo käytöksen takaisin entistäkin voimakkaampana. Voi käydä myös niin, että kun koiralta poistetaan yksi keino purkaa stressiä, turhaumaa tai pelkoa, se löytää tilalle jonkin uuden käyttäytymismallin, joka ei todennäköisesti ole yhtään sen parempi vaihtoehto. Koiralta saatetaan esimerkiksi estää stressistä johtuva haukkuminen sitruunapannan avulla, jolloin koira joutuu löytämään uuden stressinpurkuväylän, kuten tassujensa järsimisen.

5. Negatiiviset mielleyhtymät

Kun koiraa rangaistaan, koko tilanne muuttuu koiran mielessä ikäväksi asiaksi. Ympäristö, jossa olette ja kaikki läsnä olevat ihmiset ja eläimet muuttuvat negatiivisiksi. Koira yhdistää kaiken, mitä se oli sillä hetkellä tekemässä negatiivisiin asioihin. Jos se saa esimerkiksi rankaisun aina vetäessään hihnassa toisia koiria kohti, muut koirat muuttuvat sen silmissä ikäväksi asiaksi. Koira saattaa jopa oppia, että ulkona oleminen tai sinun lähelläsi oleminen ovat huonoja asioita, jos niihin yhdistyy usein rankaisu.

6. Rankaiseminen ei opeta koiralle, mitä sen pitäisi tehdä

Rankaisemalla kouluttaminen on suunnilleen sama kuin se, että joku yrittäisi opettaa sinulle uuden kielen rankaisemalla sinua jokaisesta väärästä vastauksesta, mutta ei koskaan paljastaisi oikeita vastauksia. Rankaiseminen kertoo koiralle ainoastaan, mitä sen *ei* pitäisi tehdä, mutta ei tarjoa vastausta siihen, mitä sen kannattaisi tehdä sen sijaan. 'Ei minkään tekeminen' on koiralle vaikea käsite ymmärtää. On paljon helpompaa toimia oikein, jos siihen tarjotaan selkeät ohjeet.

7. Eettiset syyt

Jos on olemassa koiraystävällisiä ja lempeitä keinoja vaikuttaa koiran käyttäytymiseen, ei ole juurikaan perusteita käyttää rankaisuja niiden sijaan. Vaikeaakin koiran käyttäytymistä pystyy muokkaamaan tehokkaasti pelkän positiivisen vahvistamisen keinoin, ilman minkäänlaista tarvetta rankaisemiselle.

64

8. Mitä positiivinen vahvistaminen on – ja mitä se ei ole

Positiivinen vahvistaminen tarkoittaa, että koiraa palkitaan hyvästä ja toivotusta käyttäytymisestä, minkä seurauksena sen käytös lisääntyy. Näkökulma on päinvastainen rankaisemiseen verrattuna: sen sijaan, että odotettaisiin koiran epäonnistuvan, jotta sitä voitaisiin rangaista, tilanteista tehdään koiralle sellaisia, että se voisi onnistua, jolloin sitä päästään palkitsemaan.

Moni meistä huomaa koiran helposti, kun se tekee pahojaan., mutta kuinka usein kiinnität koiraasi huomiota silloin, kun se käyttäytyy hienosti? Hyvin käyttäytyvä koira on yleensä nimenomaan huomaamaton ja hiljainen. Positiiviseen vahvistamiseen kuuluu se, että siirretään huomio ja keskittyminen koiran onnistumisiin, olivat ne sitten pieniä tai isoja.

Kun koira käyttäytyy ei-toivotulla tavalla, positiivisessa

vahvistamisessa keskitytään siihen, mitä koiran haluttaisiin mieluummin tekevän. Koiralle opetetaan alusta alkaen käyttäytymismalli, jota suorittaessaan se ei voi toteuttaa ei-toivottua käytöstä. Uusi käytös vahvistuu ja vanha käytös heikkenee, jolloin ei-toivottu käytös lopulta sammuu kokonaan. Tilanteista luodaan mahdollisuuksien mukaan koiralle aina sellaisia, että epäonnistuminen on mahdollisimman epätodennäköistä ja onnistuminen mahdollisimman helppoa.

Tiede on positiivisen vahvistamisen puolella

Tiedeyhteisö on yhtä mieltä siitä, että positiivinen vahvistaminen ja koiralähtöiset menetelmät ovat paras tapa kouluttaa koiria. Useat tutkimustulokset ovat osoittaneet, että positiivinen vahvistaminen on tehokkain keino kaikkien eläinlajien kouluttamiseen. Positiiviset menetelmät ovat ylivoimaisia koirien hyvinvoinnin, omistajan ja koiran välisen suhteen ja pysyvien käyttäytymisen muutosten kannalta. Tästä syystä muun muassa Poliisin ja Rajavartiolaitoksen virkakoirien kouluttamisessa on alettu siirtyä enemmän ja enemmän positiivisen vahvistamisen puolelle.

Sopiva palkka riippuu koirasta ja tilanteesta

Koira itse määrittelee, mikä sille on palkitsevaa. Saatamme kuvitella, että kehu tai pään taputtaminen palkitsee koiraa, mutta se ei välttämättä riitä koiralle useimmissa tilanteissa (ja itse asiassa osa koirista saattaa kokea pään taputtamisen jopa negatiivisena asiana). Jos koiran käytös ei lisäänny palkitsemisen seurauksena, koira ei todennäköisesti ole kokenut sitä riittävän palkitsevana.

Kaikkein kätevin ja helpoin tapa palkita koiraa on ruoan avulla. Aina ei ole pakko käyttää epäterveellisiä ja lihottavia herkkupaloja, vaan osaa koiran päivittäisestä ruoka-annoksesta voi käyttää ainakin helpoimmissa tilanteissa. Palkkana voi myös käyttää leikkimistä, omaa innostumistasi tai täsmälleen sitä asiaa, jonka koira sillä hetkellä haluaa. Ulos pääsemistä odottavaa koiraa voi palkita oven avautumisella, koiran voi vapauttaa haistelemaan kiinnostavaa hajua tai sen voi antaa tervehtiä toista koiraa (kunhan koiran omistajalta on kysytty lupa ensin). Aina löytyy jotakin, millä koiran voi palkita.

Eri tilanteisiin sopivat erilaiset palkitsemiskeinot. Leikkimisellä on usein innostava ja kiihdyttävä vaikutus, kun taas silittäminen ja herkkujen syöminen yleensä rauhoittavat. Toisaalta ruoalla saattaa olla päinvastainenkin vaikutus, jos koira on äärimmäisen kiinnostunut herkuista. Eri tilanteissa tarvitaan myös eriarvoisia palkkoja. Kotona harjoitellessa saattaa riittää pelkkä kuivanappula, mutta ulkona rusakkojen hajujen keskellä saatetaan tarvita vaikka keitettyä kananlihaa. Kaikkein tärkeimpien käskyjen opettelussa kannattaa aina käyttää parhaita mahdollisia palkintoja. Esimerkiksi luoksetulokutsu toimii todennäköisemmin myös vaikeissa tilanteissa, jos siitä on aina palkittu runsaskätisesti myös helpoissa tilanteissa.

Positiivinen vahvistaminen toimii jokaiselle koiralle

Moni uskoo, että palkitsemalla kouluttaminen toimii ehkä villakoirille ja kultaisillenoutajille, mutta esimerkiksi rottweilerit ja saksan-

paimenkoirat tarvitsevat "kovemman käden". On myös yleinen harhaluulo, että vakavasti aggressiivisten koirien kanssa olisi pakko käyttää rankaisuja. Jos positiivinen vahvistaminen toimii villieläinten, kuten karhujen ja susien kanssa, ei ole mitään syytä, miksei se toimisi ihan jokaisen koirarodun ja yksilön kanssa. Jokainen laji ja rotu oppii samalla tavalla. Erityisesti aggressiivisten koirien kanssa on erityisen tärkeää käyttää lempeitä koulutusmenetelmiä voimakeinojen sijaan. Sen lisäksi, että niiden käyttö on turvallisempaa, niiden avulla myös saadaan pysyvämpiä ja luotettavampia tuloksia aikaan.

Tarkoituksena ei ole antaa koiran käyttäytyä huonosti

Koiralähtöiseen, positiiviseen koulutukseen kuuluu se, että koiraa koulutetaan muilla tavoin kuin kieltämällä ja rankaisemalla. Tämä ei tarkoita sitä, että koiran annettaisiin tehdä täsmälleen, mitä sitä huvittaa, tai että sen ei-toivotulle käytökselle ei tehtäisi mitään. Rankaisujen ja kieltojen tilalle on olemassa useita positiivisia keinoja vähentää tai estää ei-toivottua käyttäytymistä.

Kaikkein tehokkainta on ennakoida tilanteita ja luoda olosuhteet sellaisiksi, että koira ei pääse epännistumaan ja harjoittamaan ei-toivottua käyttäytymistä ainakaan väliaikaisesti. Opi tuntemaan tilanteet, jotka ovat koirallesi vaikeita, ja opettele lukemaan sen hienovaraista elekieltä ja käyttäytymistä, joka vihjaa siitä, että ei-toivottu käyttäytyminen saattaa kohta alkaa.

Ennakoimalla voimme estää käytöksen, ennen kuin se edes alkaa. Koiralta voidaan esimerkiksi pyytää käsky, jonka se osaa hyvin, tai sille voidaan tarjota jotakin muuta, mihin keskittyä, kuten lelu, herkku tai aktivointilelu. Esimerkiksi jos koira häiritsee yleensä vierellä, kun olet laittamassa ruokaa, voit tarjota sille heti alkuun puruluun järsittäväksi tai pyytää sitä odottamaan pedillään, mistä sitä sitten palkitaan epäsäännöllisin välialoin. Ympäristöä tai omaa käytöstä muokkaamalla voidaan välttyä lähes kokonaan tilanteilta, jotka ovat koiralle liian haastavia. Jos koira järsii kenkiä, ne voidaan piilottaa kaappiin. Jos se haukkuu ikkunan ohi kulkeville ihmisille, verhot voidaan sulkea. Vaikeiden tilanteiden ennakointi ja välttely on tärkeä väliaikainen ratkaisu sillä välin, kun koiralle opetetaan uusi tapa toimia.

Oleellista ei siis niinkään ole se, mitä tehdään, kun koira tekee jotakin väärin. Oleellista on se, mitä tehdään kaikkina muina aikoina, jotta koira onnistuisi mahdollisimman usein ja epäonnistuisi mahdollisimman harvoin. Seuraavassa luvussa käydään läpi lisää keinoja, joilla onnistumisten todennäköisyyttä voidaan epäsuorasti lisätä.

Jos koira kuitenkin kaikesta huolimatta pääsee toimimaan "väärin", on tärkeää pysyä rauhallisena. Muistuta itseäsi siitä, *miksi* koira toimii, kuten se toimii. Se ei yritä tahallaan ärsyttää. Riippuu tilanteesta, miten koiran käytökseen kannattaa reagoida. Joskus ainoa ratkaisu on olla huomioimatta käytöstä sen enempää, viedä koira mahdollisimman pian pois tilanteesta, lopettaa se, mitä olit tekemässä tai poistua itse tilanteesta. Vaihtoehtoisesti koira voidaan saada lopettamaan tekemisensä kutsumalla se luokse tai pyytämällä siltä jotakin muuta käskyä, jonka se osaa hyvin.

Joissakin tapauksissa on pakko "harhauttaa" koiraa esimerkiksi herkkujen tai lelujen avulla. Tällöin on oltava varovainen, ettei koira opi toimimaan ei-toivotulla tavalla herkkujen toivossa. Tämä on kuitenkin epätodennäköisempää kuin usein luullaan, sillä koiralla on yleensä jo valmiiksi hyvä syy käyttäytymiselleen. Kunhan harhauttaminen ei ole ainoa keino opettaa koiraa, ja sen hyvää ja toivottua käytöstä palkitaan myös runsaasti, ei ongelmia pitäisi syntyä. Joskus harhauttaminen on ainoa keino päästä yli vaikeista tilanteista. Esimerkiksi jos koira on napannut silmälasisi ja alkaa pureskella niitä, on täysin ok vaihtaa ne herkkuun tai leluun. Jos koiralta veisi väkisin esineen pois, se saattaisi alkaa lopulta puolustamaan "omaisuuttaan", tai kielletyistä esineistä voisi tulla entistäkin kiinnostavampia ja tavoittelmisen arvoisia.

Kaikkein tärkeintä on tilanteen jälkeen miettiä, miten siltä voidaan välttyä tulevaisuudessa ja miten koiralle voidaan opettaa pidemmällä aikavälillä toivottu tapa toimia. Esimerkiksi silmälasit varastaneelle koiralle voidaan opettaa luopumista ja tarjota useita sallittuja kohteita, joiden järsimistä ja kantamista vahvistetaan ja kannustetaan. Lisäksi voidaan pitää huoli siitä, ettei houkuttelevia esineitä jätetä esille ainakaan ennen kuin koira on oppinut luotettavasti jättämään ne rauhaan. Tämä on tärkeämpää oppimisen kannalta kuin se, mitä tehdään siinä vaiheessa, kun koira on toiminut väärin.

Ruokapalkkojen käyttämisessä ei ole mitään pahaa

Oletus, että koiran tulisi totella ilman palkkaa on suunnilleen sama kuin se, että pomosi olettaisi sinun tekevän töitä ilmaiseksi. Koiran näkökulmasta hyvin käyttäytyminen ja totteleminen ovat työtä. On houkutteleva ajatus, että koira työskentelisi kanssamme ihan vain meitä miellyttääkseen, mutta se ei yleensä ikävä kyllä pidä paikkaansa. Harvaa koiraa motivoi pelkkä meiltä saatu hyväksyntä.

Tarjoamme joka päivä koirillemme ilmaiseksi ruokaa kuppiin. Mitä pahaa on siinä, jos käytämme osan tästä ruoasta koiran toivottujen käytösmallien vahvistamiseen? Sen sijaan, että koira saisi ruoan ilmaiseksi, se joutuukin tekemään hieman töitä sen eteen. Samalla käyttäytymiset, joita haluamme nähdä enemmän, vahvistuvat entisestään. Joillekin koirille voidaan jopa tarjota koko niiden päivittäinen ruoka-annos tällä tavoin pitkin päivää. Vaihtoehtoisesti voidaan käyttää herkullisempia makupaloja ja vähentää sama määrä koiran ruoka-annoksesta. Ruoan käyttäminen koiran palkitsemiseen on syystäkin yleistä. Sitä on helppo pitää mukana kaikkialla, sillä saa palkattua nopeasti, ja toistoja voidaan saada runsaasti lyhyen ajan sisällä. Palkan suuruutta ja arvokkuutta voidaan myös vaihdella helposti tilanteen ja koiran suorituksen mukaisesti.

Positiivinen vahvistaminen on eri asia kuin lahjominen

Jos palkitsemisen idea ymmärretään väärin, koira tottelee kyllä silloin, kun omistajalla on nami kädessä, mutta ei milloinkaan muulloin. Positiivinen vahvistaminen ei tarkoita sitä, että koiraa lahjotaan, harhautetaan tai houkutellaan. Palkka on tarkoitus ottaa esille vasta sen *jälkeen,* kun koira on toiminut oikein. Ainoa poikkeus tästä on se, jos namia käytetään alkuvaiheessa houkutteluun, jotta koira ymmärtäisi, mitä siltä halutaan. Tarkoituksena on kuitenkin mahdollisimman pian häivyttää houkute pois käytöstä, jotta koira toimisi myös silloin, kun makupala ei ole näkyvillä.

Namipalat voivat tietysti olla erittäin hyödyllisiä koiran harhauttamiseen liian vaikeissa tilanteissa. Esimerkiksi jos remmirähjän koiran kanssa joutuu tilanteeseen, jossa toinen koira on aivan liian lähellä, voi omalle koiralle heittää vaikkapa kourallisen herkullisia nameja maahan etsittäväksi, ennen kuin se edes huomaa vastaantulevan koiran. Tämä saattaa olla ainoa keino selvitä tilanteesta ilman rähinöitä. Pitkällä aikavälillä harhauttaminen ei kuitenkaan yleensä toimi koulutuskeinona, vaan koiraa on nimenomaan palkittava toivotun käyttäytymisen jälkeen, tai sen tunnetila on muutettava tilannetta kohtaan perusteellisemmin.

Moni myös uskoo, että ruokapalkkojen käyttöä on jatkettava ikuisesti, jotta koira tottelisi. Usein namien käyttöä voidaan kuitenkin vähentää huomattavasti, tai ne voidaan jopa häivyttää kokonaan pois. Kun koira osaa tehtävän täydellisesti, voidaan palkitsemiskertoja alkaa vähentää pikkuhiljaa, kunnes lopulta koira tarvitsee palkan vain silloin tällöin. Tällöin koiran käytös vahvistuu itse asiassa entisestään, sillä koira ei koskaan tiedä, millä kerralla sitä tullaan seuraavaksi palkitsemaan. Käskyn noudattamisesta tulee ikään kuin addiktoivaa uhkapeliä. Tästä syystä koira kannattaa tosiaan aina välillä yllättää palkitsemalla, vaikka se osaisikin jo taidon ilman palkkaa. Kaikkein tärkeimpien käskyjen noudattamista kannattaa kuitenkin palkita joka kerta.

Tarkoituksena ei ole vain odotella hyvää käytöstä

Positiivinen vahvistaminen ei tarkoita sitä, että peukaloita pyöritellen odoteltaisiin koiran käyttäytyvän oikealla tavalla, jotta sitä voitaisiin palkita. Näin toimimalla saisi monissa tapauksissa odottaa melkoisen kauan. Ideana on luoda tilanteet sellaisiksi, että onnistuminen on todennäköisempää. Tilanteista tehdään aluksi naurettavan helppoja; niin helppoja, että niiden harjoitteleminen tuntuu melkeinpä järjettömältä. Kun koira on saanut runsaasti onnistumisia helpoissa tilanteissa, voidaan asioita vaikeuttaa hieman, kunnes lopulta koira onnistuu myös vaikeimmissa tilanteissa. Joka vaiheessa pidetään huoli siitä, ettei epäonnistumisia pääse tapahtumaan. Jos koira toimii väärin, tilanne on ollut sille liian vaikea, ja sitä on helpotettava hieman.

Esimerkiksi jos koira vetää hihnassa, koska se haluaa päästä tervehtimään muita koiria, se voidaan vetämisen sijaan opettaa tarjoamaan katsekontaktia omistajaan. Harjoittelu aloitetaan kotona, sen jälkeen voidaan harjoitella kävelyllä häiriöttömässä paikassa, ja seuraavaksi ohitetaan ehkä ihmisiä ja vaikka maahan aseteltuja leluja tai nameja. Lopulta kontaktin tarjoamista voidaan harjoitella siten, että toinen koira on mahdollisimman kaukana, vaikkapa pellon toisella puolen. Asteittain tilannetta vaikeuttaen päästään lopulta pisteeseen, jossa koirien ohittaminen onnistuu myös lähietäisyydeltä. Tilanteista luodaan siis aina sellaisia, että koiraa päästään myös palkitsemaan.

9. Käyttäytymiseen voi vaikuttaa myös epäsuorasti

Koiralähtöiseen, positiiviseen kouluttamiseen kuuluu paljon muutakin kuin pelkkää hyvästä käyttäytymisestä palkitsemista. Tarjoamalla koiralle riittävästi tekemistä, vähentämällä stressiä, kontrolloimalla omia tunteita, välttelemällä liian vaikeita tilanteita ja vahvistamalla suhdetta voidaan saada jo yllättävän suuria muutoksia aikaan – ilman, että edes puututaan suoraan varsinaiseen ongelmakäyttäytymiseen.

Huolehdi siitä, että koiralla on riittävästi tekemistä

Joskus ei-toivottu käytös vähenee huomattavasti jo pelkästään liikunnan tai virikkeiden määrää lisäämällä. Joskus taas on löydettävä tasapaino eri aktiviteettien väliltä. On mietittävä, mitkä käyttäytymismallit tai aktiviteetit ovat omalle koirille kaikkein tärkeimpiä, ja millä niistä on pitkällä aikavälillä positiivisin vaikutus koiran käyttäytymiseen. Voi esimerkiksi olla, että koira tarvitsee vähemmän pallon perässä juoksentelua ja enemmän haistelutehtäviä.

Vähennä koiran stressiä

Usein ei-toivotun käyttäytymisen taustalla on stressi jossakin muodossa. Tämä ei tarkoita, että koiran elämä olisi kamalaa tai täynnä järkyttäviä kokemuksia, vaan hyvinkin pienet lievästi stressaavat tilanteet saattavat kertyä pikkuhiljaa isommaksi stressiksi. Jos näitä lieviä stressitilanteita tapahtuu esimerkiksi pitkin päivää, koira ei ehdi missään vaiheessa kunnolla palautua, ja sen stressitaso jatkaa nousuaan.

Ajattele koiran stressitasoa ämpärinä, joka täyttyy vedellä. Jokainen pienikin stressaava kokemus lisää vettä koiran ämpäriin. Vesi valuu pikkuhiljaa pois pohjassa olevasta reiästä, mutta siihen kuluu aikaa. Stressaavasta kokemuksesta palautumiseen saattaa mennä jopa kolme päivää. Jos ämpäriin jatkuvasti lisätään vettä, se ei ehdi tyhjentyä, ja se vain jatkaa täyttymistään. Lopulta vesi valuu yli reunojen, ja koira reagoi johonkin mitättömältä tuntuvaan asiaan voimakkaammin kuin normaalisti. Se saattaa esimerkiksi murahtaa omistajalle, rähähtää ohikulkijalle, pelästyä vähäistäkin ääntä tai kiihtyä suunnattomasti kissan näkemisestä.

Minimoimalla koiran pienetkin stressin lähteet voidaan vaikuttaa yllättävän paljon koiran käyttäytymiseen. Tilanteista selviäminen ja itsehillintä helpottuvat, kun koira ei ole enää yhtä kiihtyneessä tilassa. Stressiä aiheuttavat pelottavien ja ahdistavien tilanteiden lisäksi myös turhautuminen sekä kiihdyttävät ja innostavat asiat.

Oman käyttäytymisen ja tunteiden vaikutus

Omistajan tunteet tarttuvat helposti myös koiraan. Jos olet itse ärtynyt, stressaantunut, ahdistunut tai huonolla tuulella, koirasi varmasti aistii sen. On siis myös koiran kannalta tärkeää panostaa omaan hyvinvointiin, onnellisuuteen ja rauhoittumiseen. Tee koirasi kanssa asioita, joista te molemmat nautitte, ja anna aikaa myös ihan vain itsellesi.

Jo se, että yrität pysyä edes ulkoisesti rauhallisena ja iloisena saattaa auttaa sekä itseäsi että koiraa vaikeissa tilanteissa. Keskity miettimään, ovatko lihaksesi rennot vai jännittyneet ja kiristätkö huomaamattasi koiran hihnaa. Juttele koiralle iloisesti, ystävällisesti ja huolettomasti ja ajattele positiivisesti.

Haastavien tilanteiden välttely on myös kouluttamista

Tuntuu olevan melko yleinen mielipide, että koira pitäisi asettaa sille vaikeisiin tilanteisiin, koska "kyllähän sen täytyy niihin tottua". Näin toimiminen kuitenkin tuottaa tuloksia vain harvoin ja saattaa itse asiassa vain pahentaa koiran käyttäytymistä, erityisesti jos sen taustalla on pelko. Joka kerta, kun koira kokee pelkoa tietyssä tilanteessa, sen pelko kyseistä tilannetta kohtaan vahvistuu. Samoin käy myös muiden ei-toivottavien käyttäytymismallien suhteen. Joka kerta, kun koira pääsee harjoittamaan käytöstä, se vahvistuu entisestään. Siksi on tärkeää ennakoida ja välttää tilanteita, joissa koira pääsee toteuttamaan tätä käyttäytymistä.

Ajattele koiran kokemuksia pankkitilinä. Joka kerta, kun koira onnistuu tai saa positiivisen kokemuksen tilanteesta, pankkitilille kertyy hieman rahaa. Joka kerta, kun koira epäonnistuu tai saa negatiivisen kokemuksen tilanteesta, pankkitililtä lähtee rahaa. Ikävät kokemukset kuitenkin vaikuttavat koiraan voimakkaammin kuin positiiviset, joten onnistuneita toistoja tarvitaan runsaasti, jotta rahaa kertyisi tilille tarpeeksi. Jos koira on jatkanut pitkään ei-toivottua käyttäytymistään, pankkitili on pahasti miinuksen puolella, jolloin onnistuneita kokemuksia on saatava melkoinen määrä, jotta käyttäytyminen muuttuisi pysyvästi.

Oleellista on ymmärtää, että ongelmatilanteiden välttelyn on tarkoitus olla *väliaikaista.* Tarkoitus ei ole, että ikuisesti välteltäisiin kyseisiä tilanteita. Tavoitteena on, että lopulta koira *voidaan* asettaa tilanteisiin, jotka ennen olivat sille vaikeita. Tällä välin on kuitenkin tapahtunut jotakin tärkeää: vaikeat tilanteet ovatkin muuttuneet helpoiksi.

Kun koira asetetaan mahdollisimman usein tilanteisiin, jotka ovat sille riittävän helppoja, sen mukavuusalue kasvaa pikkuhiljaa. Helppojen tilanteiden määrä lisääntyy ja vaikeiden vähenee, ja pian koira selviää helposti melkein kaikista tilanteista.

Esimerkiksi jos koiralla on tapana rähistä toisille koirille, voit välttyä rähinöiltä kävelemällä paikoissa tai ajankohtina, jolloin muita on mahdollisimman vähän liikkeellä ja pysytellä riittäävän pitkän etäisyyden päässä muista koirista. Jos koira pelkää yksinoloa, usein onnistumisen kannalta on tärkeää, että koiraa ei jätetä yksin lainkaan, ennen kuin yksinolosta on saatu luotua positiivinen asia. Jos koira ei tule kutsusta luokse, sitä kannattaa pitää hihnassa tai pitkässä liinassa, kunnes luoksetulo onnistuu.

Vaikeiden tilanteiden välttely on tietysti harvoin ainoa ratkaisu, mutta se on kuitenkin tärkeä osa käyttäytymisen muokkaamista, jotta koiran kanssa varmasti onnistuttaisiin.

Muuta tunteita, niin muutat käyttäytymistä

Aina ratkaisu koiran käyttäytymisen muuttamiseen ei ole kouluttaminen. Jos koiran käyttäytymisen taustalla on negatiivinen tunnetila, kuten pelko, on paljon tehokkaampaa muuttaa koiran tunnetilaa käyttäytymisen sijaan.

Toisin kuin usein uskotaan, koira ei totu pelkäämiinsä asioihin, vaikka sitä kuinka altistettaisiin niille. Me ihmiset pystymme ehkä "kohtaamaan pelkomme" ja uskottelemaan itsellemme, että mitään pelättävää ei oikeasti ole. Koirat eivät kuitenkaan kykene tällaiseen järkeilyyn, eikä pelottaviin tilanteisiin meneminen ole yleensä niiden oma valinta. Joskus tällainen altistaminen saattaa tosiaan johtaa siihen, että koira näyttää "rauhoittuvan" ja "tottuvan" pelottavaan tilanteeseen. Paljon todennäköisemmin se on kuitenkin yksinkertaisesti sulkeutunut ja lopettanut kaiken yrittämisen tajuttuaan, ettei se voi vaikuttaa tilanteeseen millään tavalla. Tämä on koiralle suunnilleen samanlainen kokemus kuin masennus on ihmisille.

Paljon tehokkaampaa on siedättää koira pikkuhiljaa sen pelkäämiin asioihin ja luoda niistä koiran mielessä positiivisia asioita. Tilanteista on järjestettävä mahdollisimman paljon sellaisia, että koira kohtaa pelottavan asian ilman, että sitä pelottaa. Jos kyseessä on ääni, siitä tehdään niin hiljainen, ettei koiraa lainkaan ahdista. Jos koira pelkää esimerkiksi ohikulkevia autoja, harjoittelu aloitetaan paikallaan olevista tai hyvin hitaasti liikkuvista autoista, jotka ovat pitkän etäisyyden päässä. Pikkuhiljaa äänenvoimakkuutta nostetaan tai etäisyyttä lyhennetään. On tärkeää, että koira ei missään harjoittelun vaiheessa ahdistu tai pelästy, muuten oppimisessa mennään takapakkia. On siis hyvä opetella mahdollisimman taitavaksi lukemaan koiran pieniäkin eleitä, jotka vihjaavat stressistä tai huolestumisesta.

Lisäksi koiralle opetetaan, että aiemmin pelottava asia johtaakin johonkin mukavaan. Koira esimerkiksi näkee auton tai kuulee äänen ja saa välittömästi sen jälkeen herkkupalan. Koira oppii pikkuhiljaa yhdistämään aiemmin pelottavan kohteen johonkin positiiviseen. Tämän seurauksena myös sen käyttäytyminen muuttuu. Jos koira esimerkiksi hyökkäilee autoja kohti, koska sitä pelottaa, tunnetilan muuttuessa positiivisemmaksi myös tarve hyökkäillä katoaa.

Pelkojen lievittämiseen on myös olemassa useita erilaisia tuotteita, jotka saattavat helpottaa peloista pois oppimista. Ne eivät yleensä ratkaise yksinään ongelmaa, mutta saattavat nopeuttaa op-

77

pimisen prosessia. Esimerkiksi erilaiset ravintolisät, feromoni-valmisteet ja paineliivit tuovat osalle koirista helpotusta pelkoihin, ja joissakin tapauksissa mielialalääkitys on ainoa, mikä auttaa. Kannattaa keskustella eläinlääkärin kanssa eri vaihtoehdoista.

Vahvista välillänne olevaa suhdetta

Kun suhde on kunnossa, koira pystyy luottamaan sinuun ja tekee mielellään kanssasi yhteistyötä. Moni asia helpottuu sen seurauksena; koira kuuntelee paremmin, on onnellisempi ja vähemmän stressaantunut, ja pystyy tukeutumaan sinuun vaikeissakin tilanteissa. Suhteella on siis hyvinkin suuri vaikutus koiran käyttäytymiseen, joten siihen kannattaa panostaa. Tämän kirjan ohjeita noudattamalla pääset jo pitkälle. Kuuntele koiraasi, vietä sen kanssa laatuaikaa, tarjoa mielekästä tekemistä, ymmärrä sitä, vähennä stressaavia ja pelottavia tilanteita, palkitse halutusta käytöksestä ja auta sitä ymmärtämään sinua.

Opeta koiralle elämäntaitoja

Erilaisten harjoitusten avulla koiralle voi opettaa taitoja, jotka auttavat sitä selviämään paremmin ihmisten maailmassa.

Esimerkiksi itsehillintä on tärkeä taito, erityisesti jos koiralla on vaikeuksia hyväksyä, ettei se voi saada heti paikalla kaikkea haluamaansa. Siitä voi olla hyötyä muun muassa ohitustilanteisiin, ruoan kerjäämiseen ja yli-innokkuuteen. Yksi tapa harjoitella itsehillintää on piilottaa nyrkin sisään herkkupala. Koira todennäköisesti yrittää kaikkensa saadakseen namin. Heti sillä sekunnilla, kun koira lopettaa yrittämisen, sitä palkitaan. Koira oppii, että sen on maltettava hetki, jotta se saisi haluamansa. Tehtävää voidaan vaikeuttaa eri tavoilla ja soveltaa monenlaisiin arjen tilanteisiin, kuten ulos pääsemiseen ja koirien tervehtimiseen.

Rauhoittuminen on myös taito, jota voidaan erikseen harjoitella. Sen hyödyllisyyttä ei varmaan tarvitse erikseen selittää.

Yksi keino on opettaa koira makaamaan tietyllä alustalla pikkuhiljaa pidempiä ja pidempiä aikoja, ja sitä palkitaan erityisesti silloin, kun se aidosti rauhoittuu. Harjoittelut kannattaa ajoittaa ajankohtiin, jolloin koira on jo valmiiksi suhteellisen rauhallinen tai väsynyt.

On ok pyytää apua

Koiran käyttäytymisen muuttaminen ei ole aina helppoa, ja joskus omien ongelmien kanssa painiessa on vaikeaa nähdä asioita selkeästi. Ulkopuolinen, ammattitaitoinen kouluttaja voi tällöin olla korvaamaton apu. Joskus tarvitaan vain uudenlainen näkökulma tilanteeseen. Hyvällä käytösneuvojalla tai kouluttajalla on vuosien kokemus ja koulutus, joten sitä kannattaa hyödyntää. Avun pyytäminen ei tarkoita, että et itse osaisi kouluttaa koiraasi. Se on päinvastoin merkki siitä, että olet vastuuntuntoinen ja järkevä ihminen, joka ymmärtää, ettei kaikkea voi tehdä yksin. Jos koiralla on terveysongelma, viemme sen eläinlääkärin hoidettavaksi, emmekä yritä itse googlettaa kotitekoisia hoitokeinoja (ainakaan toivon mukaan). Miksi siis painisimme yksinämme koiran käyttäytymisongelmien kanssa?

Valitse kuitenkin kouluttaja tarkoin, sillä huonolla kouluttajalla voi olla päinvastainen vaikutus kuin oli tarkoitus. Ole terveen kriittinen äläkä usko kaikkea, mitä sinulle sanotaan. Uskalla myös sanoa ei, jos kouluttajan menetelmät vaikuttavat epäilyttäviltä. Kirjan lopusta löytyy verkkosivu, jonne on listattu kouluttajia, jotka ovat sitoutuneet noudattamaan Suomen Eläintenkouluttajat ry:n eettisiä sääntöjä.

Lisälukemista

Verkkosivuja

www.elaintenkouluttajat.com/kouluttajat
Lista kouluttajista, jotka ovat suorittaneet alan ammattitutkinnon tai osoittaneet osaamisensa muilla tavoin ja sitoutuneet noudattamaan yhdistyksen eettisiä sääntöjä.

www.hankikoira.fi
Tietoa koiran hankinnasta, hoitamisesta, käyttäytymisestä ja kouluttamisesta.

www.masseter.fi/artikkelit
Artikkeleita kouluttamiseen ja käyttäytymiseen liittyen.

minimuutti.com
Virikkeistämis- ja aktivointi-ideoita.

hantaheilumaan.wordpress.com
Oma blogini koirien käyttäytymisestä ja kouluttamisesta.

elainkoulutus.fi
Blogikirjoituksia koirien, kissojen, hevosten ja kanien käyttäytymisestä.

www.youtube.com/kikopup
Opasvideoita kouluttamisesta.

Kirjoja

Tuire Kaimio – Pennun kasvatus
Ei pelkästään pennun omistajille; ohjeet sopivat aikuisillekin koiril-
le.

Tuire Kaimio – Koirien käyttäytyminen

Helena Telkänranta – Eläin ja ihminen

Helena Telkänranta – Millaista on olla eläin?

John Bradshaw – Koiruus

Turid Rugaas – Rauhoittavat signaalit
Koirien elekielestä.

Jaak Panksepp – Affective neuroscience
Eläinten perustunteista.

Tutkimuksia

Bradshaw, J.W.S, Blackwell, E.J. & Casey R.A. (2009) Dominance in
domestic dogs—useful construct or bad habit? *Journal of Veterinary
Behavior: Clinical Applications and Research.* 4 (3) 135-144.

Bradshaw, J. W., Blackwell, E. J., & Casey, R. A. (2016). Dominance
in domestic dogs—A response to Schilder et al.(2014). *Journal of
Veterinary Behavior: Clinical Applications and Research, 11,* 102-108.

Deldalle, S., & Gaunet, F. (2014). Effects of 2 training methods on
stress-related behaviors of the dog (Canis familiaris) and on the
dog–owner relationship. *Journal of Veterinary Behavior: Clinical
Applications and Research, 9(2),* 58-65.

Flom, R., & Gartman, P. (2016). Does affective information influence domestic dogs'(Canis lupus familiaris) point-following behavior?. *Animal cognition, 19*(2), 317-327.

Herron, M.E. et al. 2009. Survey of the use and outcome of confrontational and non-confrontational training methods in client-owned dogs showing undesired behaviours. *Applied Animal Behaviour Science* 117: 47-54.

Hiby, E.F. et al. 2004. Dog traning methods: their use, effectiveness and interaction with behaviour and welfare. *Animal Welfare* 13: 63-69.

Horowitz, A. (2009). Disambiguating the "guilty look": Salient prompts to a familiar dog behaviour. *Behavioural processes, 81*(3), 447-452.

Luescher, U.A. et al. 2008. Canine aggression to people – a new look at an old problem. *Veterinary Clinics of North America: Small Animal Practice. 38*: 1107-1130.

Mech, L. D. (1999). Alpha status, dominance, and division of labor in wolf packs. *Canadian Journal of Zoology, 77*(8), 1196-1203.

Osborne, S. R. (1977). The free food (contrafreeloading) phenomenon: A review and analysis. *Learning & Behavior, 5*(3), 221-235.

Rooney, N.J. et al. 2011. Training methods and owner-dog interactions: Links with dog behavior and learning ability. *Applied Animal Behaviour Science* 132: 169-177.

Westgarth, C. (2016). Why nobody will ever agree about dominance in dogs. *Journal of Veterinary Behavior: Clinical Applications and Research, 11*, 99-101.

Kiitos

Haluan kiittää erityisesti Teemu Junttilaa, joka on auttanut ja tukenut minua huomattavasti tätä kirjaa kirjoittaessa.

Kiitos myös Maritsa Palmuselle, Juha Junttilalle ja Emily Clarkelle kaikesta heidän tuestaan eri tavoin.

Suuri kiitos kuuluu kaikille blogini lukijoille; ilman heitä en olisi rohkaistunut kirjoittamaan tätä kirjaa. Heitä varten jaksan kirjoittaa joka viikko uuden blogikirjoituksen, ja heiltä saatu kannustus ja tuki on ollut äärimmäisen arvokasta.

Kiitos myös kaikille muille perheenjäsenille ja ystäville, jotka ovat uskoneet minuun ja auttaneet minua. Kiitos kaikille entisille ja nykyisille työkavereilleni, kurssikavereilleni ja luennoitsijoilleni, joilta olen kaikilta oppinut jotakin. Iso kiitos myös David Applebylle siitä, että sain oppia häneltä ja seurata hänen konsultaatioitaan ja Katriina Tiiralle ja Hannes Lohelle siitä, että pääsin mukaan osallistumaan mielenkiintoisiin tutkimuksiin.

Jessie ansaitsee myös erityissuuren kiitoksen kaikesta, mitä olen siltä oppinut ja sen kanssa kokenut. Mette, Megan ja Aida ovat myös olleet tärkeitä opettajia ja ystäviä.

www.ingramcontent.com/pod-product-compliance
Lightning Source LLC
Chambersburg PA
CBHW070425240526
45472CB00020B/1304